美味餐厅菜一次学回家

杨桃美食编辑部 主编

江苏凤凰科学技术出版社

图书在版编目(CIP)数据

美味餐厅菜一次学回家 / 杨桃美食编辑部主编 . —
南京 : 江苏凤凰科学技术出版社 , 2015.7(2019.11 重印)
(食在好吃系列)
ISBN 978-7-5537-4481-0

Ⅰ . ①美… Ⅱ . ①杨… Ⅲ . ①菜谱 Ⅳ .
① TS972.12

中国版本图书馆 CIP 数据核字 (2015) 第 091484 号

美味餐厅菜一次学回家

主　　编	杨桃美食编辑部
责任编辑	葛　昀
责任监制	方　晨
出版发行	江苏凤凰科学技术出版社
出版社地址	南京市湖南路 1 号 A 楼，邮编：210009
出版社网址	http://www.pspress.cn
印　　刷	天津旭丰源印刷有限公司
开　　本	718mm × 1000mm　1/16
印　　张	10
插　　页	4
版　　次	2015年7月第1版
印　　次	2019年11月第2次印刷
标准书号	ISBN 978-7-5537-4481-0
定　　价	29.80元

每天学一道餐厅菜，让每个人都爱回家！

各大城市餐厅饭馆满街林立，每到假日全家大小总爱一起上餐厅吃一顿丰盛的午餐或晚餐，无论是利落又下饭的快炒料理，还是飘香又入味的炖煮料理，餐厅大厨做的菜肴就是让人难以忘怀。

来看看餐厅菜跟家常菜有什么不一样吧！本书特别收录餐厅热门调味酱 TOP7，学会这些酱料，拿来做菜不仅方便又味道极佳；另外还有不能错过的多道餐厅美食精选，告诉你料理色香味俱全的做法和配方；还有开胃的凉拌料理，一口接一口，令人赞不绝口。一共 300 多道让人食欲大开的餐厅菜，一天学一道，抓住家人的胃也抓住家人的心，从现在开始，让你爱的每个人都乖乖准时回家吃饭！

单位换算

固体类

1茶匙 = 5克
1大匙 = 15克
1小匙 = 5克

液体类

1茶匙 = 5毫升
1大匙 = 15毫升
1小匙 = 5毫升
1杯 = 200毫升
1碗 = 350毫升

目录

PART 1
餐厅料理好美味 炒炸煎烤

PART 2
餐厅料理真功夫
蒸煮炖卤

附录一 餐厅推荐凉拌菜

附录二 餐厅常见调味酱TOP7

备注：1. 本书所用电饭锅为多功能电饭锅，若家中没有，可用蒸锅代替。
2. 图片部分材料仅限装饰作用。

PART 1

餐厅料理好美味

炒炸煎烤

每次到餐厅用餐，香气四溢的炒炸煎烤菜是必不可少的。肉类、海鲜下锅炒前先腌渍、过油，能去除腥味，让肉质更软嫩；炸排骨的时候要注意油温……这些餐厅大厨的小妙招，都藏在做法里！

回锅肉

材料

五花肉250克、卷心菜200克、豆干150克、葱段10克、蒜末10克、红辣椒片15克

调料

辣豆瓣酱1大匙、甜面酱1茶匙、白糖1/2茶匙、米酒1大匙、香油少许

做法

1. 将五花肉洗净放入锅中，加水盖过五花肉，煮至沸腾后转小火再煮约25分钟，取出待凉切片备用。
2. 豆干、卷心菜洗净切片，卷心菜放入沸水中汆烫至微软；葱段分葱白及葱尾，备用。
3. 热锅，倒入2大匙食用油，放入五花肉片以中火炒至上色，取出备用。
4. 锅中放入豆干片煸炒至微焦后取出备用。
5. 锅中留少许油，放入红辣椒片、蒜末以小火爆香，加入辣豆瓣酱、甜面酱炒香，再加入葱白、豆干片、五花肉片以中火炒香，最后加入卷心菜、葱尾及其余调料炒1分钟至均匀即可。

客家小炒

材料

五花肉200克、干鱿鱼1只、蒜苗200克、芹菜100克、红辣椒2个、蒜4瓣

调料

Ⓐ 酱油2大匙、水2大匙、米酒1大匙、盐1/4茶匙、鸡精1/2茶匙、白糖1茶匙、白胡椒粉1/2茶匙 Ⓑ 香油1茶匙

做法

1. 干鱿鱼用温水泡约5小时后切丝备用；五花肉洗净切小条；蒜苗及芹菜洗净切小段；红辣椒、蒜切碎备用。
2. 热锅，加入1大匙食用油，用小火爆香红辣椒碎及蒜碎，再加入五花肉，以中火炒散后加入调料A；转小火煮约3分钟至汤汁收干，最后加入蒜苗段及芹菜段以大火炒约1分钟，再淋上香油炒匀即可。

香槟排骨

材料

猪排骨500克

调料

Ⓐ 盐1/4茶匙、白糖1茶匙、米酒1大匙、蛋清1大匙、小苏打粉1/8茶匙 Ⓑ 吉士粉3大匙 Ⓒ 柠檬汁2大匙、香槟2大匙、七喜汽水3大匙、白糖2大匙 Ⓓ 水淀粉1茶匙、香油1大匙

做法

1. 猪排骨洗净剁块，放入调料A拌匀，腌约20分钟后加入吉士粉拌匀备用。
2. 热一锅，放入400毫升食用油烧至约150℃，将猪排骨下锅，以小火炸约5分钟后起锅，沥干油。
3. 另热一锅，放入调料C，小火煮滚后用水淀粉勾芡，放入猪排骨迅速翻炒，至芡汁完全被猪排骨吸收后关火，加入香油拌匀即可。

糖醋排骨

材料

猪排骨500克、蒜末5克、姜末5克、洋葱片30克、红甜椒片30克、青椒片30克、菠萝片40克、水200毫升、面粉1大匙

调料

白糖2大匙、盐1/4茶匙、白醋2大匙、番茄酱3大匙、水淀粉适量

腌料

米酒1茶匙、盐1/4茶匙、白糖1/4茶匙、鸡蛋1/3个、淀粉1茶匙

做法

1. 猪排骨洗净，加腌料腌1小时，加入面粉拌匀。热锅，倒入稍多的油，待油温热至160℃，放入猪排骨炸熟，捞出沥油备用。
2. 锅中留约1大匙油，加蒜末、姜末爆香，放洋葱片炒软，再放入红甜椒片、青椒片炒匀后取出。
3. 锅中放入其余调料及水煮沸，以水淀粉勾芡，再加猪排骨、做法2的材料及菠萝片拌匀即可。

橙汁排骨

材料

猪排骨300克、香吉士橙3个、罗勒叶末少许

调料

浓缩橙汁1大匙、白醋1.5大匙、白糖1茶匙、盐1/4茶匙、水淀粉1/2茶匙

腌料

盐1/4茶匙、白糖1/4茶匙、小苏打粉1/2茶匙、淀粉1茶匙、蛋黄粉1茶匙、面粉1大匙

做法

1. 猪排骨剁成小块，冲水15分钟去腥膻，沥干水分，加入腌料并不断搅拌至粉完全吸收，静置30分钟备用。
2. 将2个香吉士橙榨汁，1个切片备用。
3. 将猪排骨放入160℃的油锅中，以小火炸3分钟，关火2分钟再开大火2分钟，捞出沥油盛盘。
4. 取不锈钢锅放入调料、排骨、橙汁和橙片煮匀，入水淀粉勾芡，淋入盘中，撒入罗勒叶末即可。

干锅排骨

材料

猪排骨800克、蒜片20克、姜片10克、花椒3克、干辣椒10克、芹菜80克、蒜苗50克

调料

蚝油1大匙、辣豆瓣酱1大匙、白糖1大匙、水150毫升、绍兴酒50毫升

腌料

酱油1茶匙、白糖1/4茶匙、淀粉1/2茶匙、嫩肉粉1/4茶匙、淀粉1/2茶匙

做法

1. 将猪排骨洗净剁小块；蒜苗和芹菜洗净切段，备用。
2. 热一锅，下约2大匙食用油，以小火爆香蒜片、姜片、花椒及干辣椒，加入辣豆瓣酱炒香。
3. 将猪排骨放入锅中，加入其余调料炒匀，以小火煮约20分钟至汤汁略收干，最后加入蒜苗段及芹菜段炒匀即可。

椒盐排骨

材料

猪排骨450克、蛋液1/2个、面粉适量、淀粉少许、姜末适量、蒜末适量、葱末适量、红辣椒末适量

调料

盐少许、花椒粉少许、白胡椒粉少许

腌料

水2大匙、白糖1/2茶匙、米酒1大匙、酱油1大匙、白胡椒粉少许

做法

1. 猪排骨洗净沥干，加入所有腌料腌约2小时备用。
2. 猪排骨中加入蛋液、面粉、淀粉拌匀备用。
3. 热锅，倒入稍多食用油，待油温热至160℃，放入排骨以小火炸熟，再转大火将猪排骨炸至上色，取出沥油备用。
4. 锅中留少许油，加入姜末、蒜末、葱末、红辣椒末爆香，再加入猪排骨炒匀，加入所有调料炒一下即可。

蜜汁排骨

材料

猪排骨300克、熟白芝麻适量、番薯粉1/2杯、面粉1/2杯、水100毫升

调料

盐少许、花椒粉少许、白胡椒粉少许、淀粉适量

腌料

水2大匙、白糖1/2茶匙、米酒1大匙、酱油1大匙、白胡椒粉少许

做法

1. 猪排骨剁块，冲水洗去血水，加腌料抓匀后，加淀粉抓匀。
2. 番薯粉加面粉和水混合成粉浆备用。
3. 猪排骨均匀裹上粉浆备用。
4. 起油锅，油热至160℃，放入排骨，以小火炸至金黄色，捞起备用。
5. 锅中留少许油，加入其余所有调料煮沸后熄火。
6. 加入猪排骨及熟白芝麻拌匀即可。

京都排骨

材料

猪排骨500克、熟白芝麻少许

调料

Ⓐ 盐1/4茶匙、白糖1茶匙、料酒1大匙、水3大匙、蛋清1大匙、小苏打粉1/8茶匙 Ⓑ 低筋面粉1大匙、淀粉1大匙、食用油2大匙 Ⓒ A1酱1大匙、默林辣酱油1大匙、白醋1大匙、番茄酱2大匙、白糖5大匙、水3大匙 Ⓓ 水淀粉1茶匙、香油1大匙

做法

1. 猪排骨洗净剁小块，用调料A腌约20分钟，加入低筋面粉及淀粉拌匀，再加入食用油略拌备用。
2. 热锅，倒400毫升食用油烧热后，将猪排骨下锅以小火炸约4分钟，起锅沥干。
3. 另热一锅，以小火煮滚调料C，以水淀粉勾芡，加入猪排骨迅速翻炒至芡汁吸收后，下香油及熟白芝麻拌匀即可。

椒盐排骨酥

材料

猪排骨600克、葱花20克、蒜末10克、红辣椒末10克

调料

盐1/2茶匙、胡椒粉1 /2茶匙

腌料

Ⓐ 蒜末30克、五香粉1/2茶匙、香油1大匙、酱油1茶匙、胡椒粉1茶匙、白糖1大匙、料酒2大匙、水800毫升 Ⓑ 低筋面粉2大匙、番薯粉5大匙

做法

1. 猪排骨洗净剁成小块，加入调料A抓匀，腌约20分钟后，再放入混合好的调料B沾裹均匀。
2. 热锅，倒入适量食用油，待油温烧热至约120℃，转中小火，放入腌渍猪排骨，炸约8分钟待表面呈金黄色后开大火逼油，捞起沥干。
3. 另取锅，以中小火炒香葱花、蒜末、红辣椒末，再放入炸猪排骨及所有调料炒匀即可。

橙汁肉片

材料

猪肉片200克、橙子3个

调料

盐1/4茶匙、白醋1大匙、白糖2茶匙、水淀粉1茶匙

腌料

盐1/2茶匙、料酒1茶匙、蛋液2大匙、淀粉1大匙

做法

1. 取2个橙子榨汁、去渣，与所有调料拌匀，即为橙汁；取1个橙子，半个切片置盘围边，另半个取橙皮刨细丝。
2. 猪肉片加入所有腌料拌匀，静置约20分钟，备用。
3. 热锅，加入2大匙食用油，放入肉片，双面各煎约2分钟后盛出，放入橙汁煮滚，加入水淀粉勾芡，再放入肉片拌炒均匀，撒入橙皮丝炒匀，起锅盛入盘内即可。

京酱炒肉丝

材料

猪肉丝150克、葱丝适量

调料

Ⓐ 酱油1茶匙、嫩肉粉1/4茶匙、淀粉1茶匙、蛋清1茶匙 Ⓑ 京酱3大匙、香油1茶匙

做法

1. 猪肉丝用调料A腌渍约10分钟备用。
2. 热油锅，放入猪肉丝，以小火炒散后即开大火略炒。
3. 淋入京酱，并快速翻炒均匀，滴入香油后即可起锅，放于盘中的葱丝上即可。

烹饪小秘方

京酱

材料

水1大匙、甜面酱2大匙、番茄酱1茶匙、料酒1/2茶匙、白糖1茶匙、淀粉1/2茶匙

做法

将全部材料混合均匀即可。

绿豆芽炒肉丝

材料

绿豆芽200克、猪肉丝200克、姜丝15克、红辣椒丝适量

调料

盐1/2茶匙、鸡精1/4茶匙、胡椒粉1/8茶匙、香油1/2茶匙

腌料

盐1/4茶匙、香油1/2茶匙、淀粉1茶匙

做法

1. 猪肉丝加入腌料拌匀，静置10分钟；绿豆芽洗净，沥干水分，备用。
2. 热一锅，加入食用油，放入猪肉丝，以大火炒至变白。
3. 锅中放入姜丝、绿豆芽和调料，以大火炒2分钟，最后加入红辣椒丝拌炒均匀即可。

芹菜炒腊肉

材料

腊肉1条、荷兰豆100克、芹菜梗200克、红辣椒1/2个、蒜片1/4茶匙、水2大匙

调料

盐1/4茶匙、香油1/2茶匙、淀粉1茶匙、白糖1/2茶匙

做法

1. 腊肉切片后，放入热水中浸泡3分钟，稍稍冲淡咸味后，捞起沥干。
2. 荷兰豆摘去蒂头洗净；芹菜梗洗净切段；红辣椒洗净切菱形片，备用。
3. 取锅，加入少许食用油、蒜片和腊肉片，开小火炒约1分钟后，然后加入荷兰豆和芹菜段略翻炒。
4. 接着加入水、全部的调料和红辣椒片，快炒2分钟即可盛盘。

蒜苗炒五花肉

材料

带皮五花肉300克、蒜苗100克、红辣椒1/2个

调料

盐1茶匙、米酒1茶匙

做法

1. 将带皮五花肉洗净，放入滚水锅内，以小火煮15分钟至熟捞出后，表面抹上3/4茶匙的盐，晾凉后切成0.4厘米片状备用。
2. 将蒜苗、红辣椒洗净后，切斜片备用。
3. 取锅烧热后转小火，放入腌好的五花肉炒至出油（若油多可铲出一些）。
4. 将五花肉炒到表面略呈黄色，放入蒜苗片、红辣椒片，以及剩余的1/4茶匙盐与米酒，以小火炒 1分钟即可。

蒜苗炒咸肉

材料

熟咸猪肉300克，蒜苗3根，红辣椒片适量

调料

盐1/4茶匙、白糖1/4茶匙

做法

1. 熟咸猪肉切斜刀薄片；蒜苗洗净，切斜刀片状，备用。
2. 取锅，将咸猪肉片放入锅中，以小火煎煸至出油。
3. 接着放入红辣椒片、蒜苗片和全部的调料，快速翻炒约2分钟即可盛盘。

酱爆肉片

材料
猪里脊肉150克、小黄瓜块60克、葱段10克、姜片10克

调料
甜面酱1茶匙、白糖1茶匙、酱油1茶匙、番茄酱1大匙、香油1茶匙、水2大匙、水淀粉1茶匙

腌料
酱油1茶匙、米酒1大匙、淀粉1茶匙、香油1茶匙

做法
1. 猪里脊肉洗净，切成约0.3厘米的薄片，加入所有腌料抓匀，腌渍约10分钟；所有调料调匀成调味酱，备用。
2. 热一锅，倒入适量食用油，放入里脊肉片爆炒至肉色变白，捞起沥油；放入葱段、姜片、小黄瓜块，以中小火拌炒1分钟，最后再放入猪里脊肉片及调味酱拌匀即可。

酸白菜炒肉片

材料
酸白菜片250克、熟五花肉片250克、蒜片10克、红辣椒片10克、葱段15克

调料
盐少许、酱油1茶匙、白糖1/4茶匙、鸡精1/4茶匙、白醋1/2大匙

做法
1. 酸白菜片略洗一下马上捞出，备用。
2. 热锅，倒入2大匙食用油，放入蒜片、葱段、红辣椒片爆香，再放入熟的五花肉片拌炒。
3. 接着放入酸白菜片略炒，再放入所有调料拌炒均匀即可。

姜汁肉片

材料
梅花肉片200克、洋葱1/4个、姜末1/2茶匙

调料
姜汁1大匙、酱油3.5大匙、白糖1.5大匙、米酒2大匙、味醂2茶匙、柴鱼高汤100毫升

做法
1. 洋葱洗净切丝，备用。
2. 取一不锈钢锅，加入所有调料以小火煮约5分钟，再加入洋葱丝煮3分钟，接着慢慢加入梅花肉片煮约3分钟，至肉片熟透且汤汁收干。
3. 起锅前加入姜末拌匀即可。

味噌肉片

材料

五花肉片200克、洋葱丝1/4个、熟白芝麻1茶匙、生菜叶10片

调料

味噌1大匙、白糖2茶匙、米酒2茶匙、水2大匙、蒜泥1/2茶匙

做法

1. 将调料混合均匀，即为味噌腌酱，加入五花肉片拌匀，腌渍约3分钟。
2. 热锅，加入3大匙食用油，放入肉片以半煎炒方式煎约3分钟，再加入洋葱丝炒约2分钟，盛盘后撒上熟白芝麻即可，食用时可用生菜叶包裹肉片食用。

菠萝炒肉片

材料

猪瘦肉片100克、黑木耳片200克、菠萝片160克、姜丝15克

调料

盐少许、米酒1茶匙、淀粉少许

腌料

盐1/2茶匙、鸡精少许、白糖1茶匙、白醋1/2茶匙

做法

1. 猪瘦肉片加入腌料腌10分钟。
2. 热锅，加入2大匙食用油烧热，放入姜丝爆香，再放入猪瘦肉片炒至变色。
3. 最后放入黑木耳片拌炒一下，加入菠萝片、调料拌炒至入味即可。

泡菜炒肉片

材料

猪肉片200克、泡菜150克、洋葱丝20克、葱段15克、韭菜段15克

调料

白糖1/4茶匙、盐少许、鸡精少许、米酒1/2大匙

做法

1. 热锅，加入2大匙食用油，爆香葱段、洋葱丝，再放入猪肉片炒至颜色变白。
2. 再放入泡菜拌炒，最后放入韭菜段、所有调料炒至入味即可。

橘酱酸甜肉

材料

五花肉200克、竹笋1根、葱2根、蒜3瓣、香菜适量

调料

橘酱2大匙、白糖1大匙、香油1茶匙、酱油1茶匙、盐少许、白胡椒粉少许

做法

1. 先将五花肉洗净去皮，切成片状；竹笋、蒜和姜切成片状；葱切段；取一容器加入所有调料调匀备用。
2. 取一炒锅，先加入1大匙食用油以中火烧热，接着放入五花肉片，将肉煸香，逼出多余油脂且表面稍微上色，再倒除些许油。
3. 姜片、蒜片、竹笋片和葱段加入锅中翻炒均匀，再将调匀的调料倒入，烩煮至酱汁微收，放上香菜装饰即可。

菠菜炒猪肝

材料

菠菜200克、猪肝100克、蒜末少许、红辣椒片少许

调料

盐适量、鸡精适量、米酒适量、淀粉少许

做法

1. 菠菜洗净切段；猪肝切薄片，冲冷水约20分钟，捞起沥干水分。
2. 将猪肝用米酒、淀粉抓匀，入滚水中汆烫一下，捞起备用。
3. 热锅，放入2大匙食用油，以小火爆香蒜末，放入猪肝、菠菜以中火快炒2分钟，起锅前加入红辣椒片，再加入其余调料炒匀，盛起即可。

苍蝇头

材料

韭菜花200克、猪绞肉100克、豆豉50克、红辣椒圈30克、蒜末30克、水60毫升

调料

酱油1茶匙、盐1/2茶匙、白糖1茶匙、香菇粉1茶匙、米酒1大匙、胡椒粉1/2茶匙、香油适量

做法

1. 韭菜花洗净，切粒，备用。
2. 热油锅，以小火爆香豆豉、红辣椒片及蒜末，再放入猪绞肉炒干，加入韭菜花粒拌炒均匀，最后加入所有调料，以大火炒约3分钟至收汁即可。

打抛猪肉

材料

猪绞肉200克、洋葱丁50克、蒜末1/2茶匙、红辣椒末30克、罗勒20克

调料

鱼露1大匙、甜酱油1茶匙、白糖1/2茶匙

腌料

酱油1茶匙、料酒1/2茶匙、胡椒粉少许、香油少许、淀粉1茶匙

做法

1. 猪绞肉加入所有腌料腌渍约10分钟，备用。
2. 罗勒摘去老枝、洗净，备用。
3. 锅烧热加入1大匙食用油，放入猪绞肉炒至肉色变白，再加入洋葱丁、蒜末、红辣椒末炒约3分钟，加入所有调料再炒1分钟，最后加入罗勒炒匀即可。

炸红烧肉

材料

猪五花肉900克、红花米15克、葱2根、蒜9瓣、姜20克、香菜适量、姜丝少许

调料

料酒2大匙、盐2大匙、白糖1大匙、淀粉适量、番薯粉适量

做法

1. 葱切段，蒜拍碎，姜切片，放入碗中抓匀后，再放入红花米、料酒抓匀，接着放入盐、白糖抓匀，即成腌料。
2. 将猪五花肉放入腌料中均匀裹好并按压，静置30分钟；另将番薯粉和淀粉以3：1的比例调成炸粉，放上腌好的五花肉沾裹均匀。
3. 取锅，倒入适量的食用油，待油温烧热至150℃，放入五花肉，转小火油炸，几分钟后用筷子戳看看肉有没有变硬，若硬则转大火逼油，即可捞出沥油，将炸好的肉切块，放上姜丝、香菜即完成。

酥炸猪大肠

材料

Ⓐ 猪大肠2条、盐1茶匙、白醋2大匙 Ⓑ 姜片20克、葱3根、花椒1茶匙、八角4粒、水600毫升

调料

蚝油2茶匙、盐少许、白糖1/4茶匙

做法

1. 猪大肠加入盐搓揉数十下后洗净，再加入白醋搓揉数十下后冲水洗净，备用。
2. 将所有调料加热混合成上色水；葱切段后分为葱白及葱绿。
3. 取一锅，放入姜片、葱绿，加入花椒、八角、600毫升的水煮开，再放入猪大肠，以小火煮约90分钟；捞出泡入上色水中，再捞出吊起晾干，待猪大肠表面干后，将葱白部分塞入猪大肠内，备用。
4. 热油锅，放入猪大肠以小火炸至上色，再捞出沥油，切斜刀段排入盘中，亦可依喜好另搭配蘸酱增加风味。

豆角炒猪大肠

材料

豆角150克、猪大肠1条、蒜2瓣、葱1根、姜片2片

调料

Ⓐ 白胡椒粉1大匙、盐1/2茶匙、白糖1/2茶匙

Ⓑ 米酒1大匙

做法

1. 猪大肠放入沸水中，加调料B煮约40分钟至软化，捞起切段备用。
2. 豆角洗净沥干，去头尾及两侧粗筋；蒜切末；葱切末，备用。
3. 热锅，倒入六分满的油，放入豆角炸至变皱，捞起沥油备用。
4. 锅中放入猪大肠段炸酥，捞起沥油备用。
5. 锅中留少许油，爆香蒜末、葱末和姜片，加入豆角、猪大肠拌炒均匀，最后加入调料A拌匀即可。

姜丝猪大肠

材料

猪大肠600克、低筋面粉400克、汽水200毫升、姜丝 100克、红辣椒丝适量、酸菜丝适量

调料

味精1茶匙、醋精1大匙、水淀粉适量

做法

1. 将猪大肠油脂剥除，翻面（用筷子顶住，一头将猪大肠往后推，直到看见另一头再抽出筷子即可）；用盐、面粉（材料外）搓洗2次，以汽水（有汽泡的饮料皆可）搓洗后，再用清水洗净，放入滚水中煮约5分钟，捞出后再洗净，用冷水冲凉，切块备用。
2. 起油锅，以中火炒香姜丝、红辣椒丝和酸菜丝，倒入猪大肠，以大火快炒1分钟。
3. 锅中放入味精、醋精翻炒数下，起锅前，倒入适量水淀粉勾芡即可。

麻油腰花

材料

猪腰300克、老姜片50克、葱段适量、枸杞子10克

调料

黑麻油4大匙、酱油1大匙、米酒4大匙

做法

1. 枸杞子用冷水泡软后捞出；猪腰洗净后划十字刀，再切成块状，加入2大匙米酒浸泡，腌约10分钟，汆烫1分钟捞起备用。
2. 冷锅加入黑麻油，接着加入老姜片、葱段炒香，再加入猪腰块、剩余调料与枸杞子，中火炒30秒钟至匀即可。

三杯鸡

材料

土鸡1/4只、老姜片100克、蒜40克、罗勒50克、红辣椒片少许

调料

香油2大匙、米酒5大匙、酱油膏3大匙、白糖1.5大匙、鸡精1/4茶匙

腌料

盐1/4茶匙、酱油1茶匙、白糖1/2茶匙、淀粉1茶匙

做法

1. 鸡肉剁小块、洗净沥干，加入腌料拌匀，备用。
2. 热锅，加入1/2碗食用油，放入姜片及蒜分别炸至金黄后盛出。
3. 原锅以中火将鸡肉煎至两面金黄后，盛出沥油，备用。
4. 热锅，放入香油，加入姜片、蒜以小火略炒香，再加入其余调料及鸡肉翻炒均匀。
5. 炒匀后转小火并盖上锅盖，每2.5分钟开盖翻炒1次，炒至汤汁收干，起锅前加入罗勒、红辣椒片，炒至罗勒略软即可。

辣炒鸡腿

材料

带骨鸡腿1只、红辣椒圈适量、葱段少许

调料

白醋少许、盐少许、白胡椒粉少许

腌料

蒜末适量、姜末20克、淀粉2大匙、香油1茶匙、酱油1茶匙、鸡蛋1个

做法

1. 先将带骨鸡腿洗净，切成小块状，再将鸡腿肉与所有的腌料一起混合均匀，腌渍约15分钟备用。
2. 将腌渍好的鸡腿块放入约180℃的油温中炸至表面呈金黄色，再捞起沥油备用。
3. 取一炒锅，先加入1大匙食用油，再加入红辣椒圈与葱段，以中火爆香。
4. 加入炸好的鸡腿块与所有调料，以中火翻炒均匀至材料入味即可。

干锅鸡

材料

鸡1/2只、蒜苗片少许、洋葱片少许、芹菜段少许、姜片20克、干辣椒段10个、啤酒1/2瓶

调料

辣豆瓣酱1大匙、蚝油1茶匙、酱油1茶匙、白糖1茶匙

腌料

盐1/4茶匙、酱油1/2茶匙、淀粉2茶匙

做法

1. 鸡洗净剁成块状，加入全部的腌料混合拌匀备用。
2. 取锅加入2大匙食用油，放入鸡块煎至外观呈金黄，盛起备用。
3. 锅中放入姜片和干辣椒段略炒后，加入辣豆瓣酱和鸡肉以小火炒约1分钟。
4. 加入啤酒和其余调料，以小火煮约10分钟后，加入蒜苗片、芹菜段和洋葱片炒约1分钟即可。

椒麻鸡

材料

去骨鸡1块

调料

淀粉1/2碗

椒麻酱汁

香菜末1茶匙、蒜末1/2茶匙、红辣椒末1/2茶匙、白醋2茶匙、白糖1大匙、酱油1大匙、凉开水1大匙、香油1/2茶匙

腌料

葱末少许、盐1/4茶匙、五香粉1/8茶匙、蛋液1大匙

做法

1. 鸡排切去多余脂肪，洗净后加入所有腌料拌匀，静置约30分钟，再取出均匀沾裹上淀粉，备用。
2. 热油锅，放入鸡排以小火炸约4分钟，再转大火炸约1分钟，捞起沥干油分，切块置盘，备用。
3. 将所有椒麻酱汁材料混合均匀，淋在炸鸡排上即可（亦可另撒上适量香菜叶装饰）。

栗子烧鸡

材料

鸡腿500克、干栗子150克、姜片20克、红辣椒2个、水600毫升

调料

酱油3大匙、绍兴酒3大匙、白糖1大匙、香油1茶匙

做法

1. 干栗子放入冷开水中浸泡30分钟并挑去碎皮；鸡腿洗净剁小块；红辣椒洗净对切，备用。
2. 热锅，倒入少许食用油，以小火爆香姜片及红辣椒，加入鸡腿块炒至肉色变白。
3. 锅中加入栗子、酱油、绍兴酒、白糖及水，煮滚后，盖上锅盖转小火，焖煮约40分钟再打开锅盖，以小火煮至汤汁略收干，再加入香油炒匀即可。

辣子鸡丁

材料

鸡胸肉300克、干辣椒段80克、葱2根、蒜末少许

调料

盐1茶匙、白糖1/2茶匙

腌料

酱油1茶匙、盐1/4茶匙、白糖1/2茶匙、淀粉1茶匙

做法

1. 将鸡胸肉洗净切丁，加入所有腌料中腌15分钟；干辣椒段泡水；葱洗净切段，备用。
2. 取一锅油烧热，将腌好的鸡胸肉丁过油，炸至表面金黄后捞出，并将油倒出。
3. 重新加热锅，放入蒜末、干辣椒段以小火炒1分钟，再放入葱段，以小火炒2分钟。
4. 放入炸过的鸡胸肉丁，再加入所有调料拌炒均匀即可。

腰果鸡丁

材料

Ⓐ 鸡胸肉150克、炸熟腰果50克 Ⓑ 青椒丁60克、红甜椒丁60克、姜片10克、葱段适量

调料

Ⓐ 淀粉1茶匙、盐少许、蛋清1大匙 Ⓑ 酱油1大匙、料酒1茶匙、白醋1茶匙、白糖1茶匙、淀粉1/2茶匙、水1茶匙

做法

1. 鸡胸肉洗净切丁，用调料A抓匀腌渍约2分钟；调料B调匀成酱汁，备用。
2. 热锅，加入2大匙食用油，鸡胸肉下锅用大火快炒约1分钟，至八分熟即捞出。
3. 洗净锅，重新热锅，加入1大匙食用油，用小火爆香材料B后，再放入鸡肉，转大火快炒约5秒后，将酱汁淋入炒匀，再将炸熟腰果倒入炒匀即可。

沙茶炒鸡柳

材料

鸡胸肉300克、姜丝10克、红甜椒条40克、青椒条60克

调料

Ⓐ 蛋清1大匙、淀粉1茶匙、料酒1茶匙、盐1/4茶匙
Ⓑ 沙茶酱2大匙、盐1/4茶匙、白糖1茶匙、料酒1大匙 Ⓒ 水2大匙、淀粉1/2茶匙

做法

1. 鸡胸肉洗净切条状，加入调料A抓匀，备用。
2. 热锅倒入2大匙食用油，加入鸡胸肉条，炒至肉色变白，取出沥油。
3. 锅中留少许油，以小火爆香姜丝，加入红甜椒条、青椒条略炒后，再加入鸡肉条拌炒。
4. 加入调料B炒匀，最后加入混合好的调料C炒匀即可。

黑胡椒铁板鸡柳

材料

鸡柳150克、洋葱1/2个、蒜3瓣、红辣椒1个、西蓝花2小朵、玉米1根

调料

鸡精1茶匙、香油1茶匙、奶油1大匙、水淀粉少许

腌料

盐1茶匙、黑胡椒粉1大匙、淀粉1大匙

做法

1. 鸡柳洗净,放入混合的腌料中腌渍20分钟备用。
2. 将玉米洗净切成小段状；洋葱洗净切丝；蒜、红辣椒都洗净切片状；西蓝花焯熟备用。
3. 热一个铁板加入奶油，放入腌好的鸡柳，以中火翻炒均匀。
4. 加入其余材料和其余调料，以中火翻炒均匀即可。

芦笋炒鸡柳

材料

鸡柳180克、芦笋150克、黄甜椒条60克、蒜末10克、姜末10克、红辣椒丝10克

调料

盐1/4茶匙、鸡精少许、白糖少许

腌料

盐少许、淀粉少许、米酒1茶匙

做法

1. 芦笋洗净切段，汆烫后捞起，备用。
2. 鸡柳加入所有腌料拌匀，备用。
3. 热锅，加入适量食用油，放入蒜末、姜末、红辣椒丝爆香，再放入鸡柳拌炒至颜色变白，接着放入芦笋段、黄甜椒条、所有调料炒至入味即可。

川椒鸡肉片

材料

鸡胸肉150克、红辣椒片20克、葱段少许、姜片2片

调料

辣椒酱1大匙、白糖1茶匙、料酒1大匙、淀粉1茶匙、高汤1大匙

腌料

鸡蛋1/2个、盐1/2茶匙、香蒜粉1/2茶匙、淀粉1大匙、料酒1大匙、香油1大匙

做法

1. 鸡胸肉洗净，去骨去皮后，切片状，备用。
2. 将所有腌料拌匀，加入鸡胸肉腌约5分钟备用。
3. 热锅，放入500毫升的食用油烧热至约160℃，再将鸡胸肉片放入锅中过油炸熟后，捞起沥油备用。
4. 锅中留下些许油，加入其余材料炒香，再加入鸡胸肉片及调料拌炒均匀即可。

香菇炒鸡柳

材料

去骨鸡腿肉200克、鲜香菇片150克、姜末1/2茶匙、蒜苗片少许

调料

盐1/2茶匙、白糖1/4茶匙

腌料

盐1/2茶匙、淀粉1茶匙、料酒1/2茶匙、胡椒粉1/4茶匙、白糖少许

做法

1. 去骨鸡腿肉洗净切成条状，加入所有腌料，静置15分钟。
2. 取锅加入1/5锅的食用油烧热，放入腌好的鸡柳炸2分钟，捞起沥干并将油倒出。
3. 热锅，放入姜末略炒，加入鲜香菇片，以小火炒软后加入调料、蒜苗片与鸡柳，以大火快炒1分钟即可。

酱爆鸡心

材料
鸡心200克、青椒60克、红辣椒1个、蒜末10克、姜末10克

调料
辣豆瓣酱2大匙、料酒1大匙、白糖1茶匙、水2大匙、水淀粉1茶匙、香油1茶匙

做法
1. 鸡心划十字切花，放入滚水中汆烫1分钟后取出沥干；红辣椒洗净去籽切片；青椒洗净切小片，备用。
2. 热锅，倒入1大匙食用油，以小火爆香蒜末、姜末、红辣椒片及青椒片，再加入辣豆瓣酱、料酒、白糖及水炒匀。
3. 锅中放入鸡心，以大火快炒约20秒，再加入水淀粉勾芡，并洒上香油即可。

香酥鸭

材料
鸭1/2只、姜片4片、葱段适量、米酒3大匙、椒盐适量

调料
盐1大匙、八角4粒、花椒1茶匙、五香粉1/2茶匙、白糖1茶匙、鸡精1/2茶匙

做法
1. 将鸭洗净擦干备用。
2. 将盐放入锅中炒热后，关火加入其余调料拌匀。
3. 将调料趁热涂抹在鸭身上，静置30分钟，再淋上米酒，放入姜片、葱段蒸2小时后，取出沥干放凉。
4. 将鸭肉放入180℃的油锅内，炸至金黄后捞出沥干，最后去骨切块，蘸椒盐食用即可。

辣烤鸡翅

材料
鸡全翅6个

腌料
辣椒粉1茶匙、酱油1茶匙、白糖1/2茶匙、白胡椒粉1/4茶匙、辣椒酱1茶匙、料酒1茶匙

做法
1. 所有腌料拌匀，备用。
2. 将鸡全翅洗净切开两节，再放入腌料内拌匀，腌渍约30分钟，备用。
3. 烤箱预热至170℃，放入鸡翅烤约15分钟，至表面金黄熟透后即可取出（可另搭配生菜及番茄片装饰）。

盐焗鸡

材料

土鸡1/2只、酱油1大匙、熟白芝麻适量

腌料

葱3根、姜30克、红葱头5粒、花椒1茶匙、八角1大匙、沙姜粉1/2茶匙、料酒2大匙、盐2茶匙、鸡精1/2茶匙、白糖1茶匙

做法

1. 土鸡洗净后沥干水分，将腹腔侧腿部割开，备用。
2. 将葱、姜、红葱头切碎，加入其余腌料一起用手搓烂，再放入土鸡搓匀，腌渍约6小时至入味。
3. 将土鸡连同腌料一起入锅蒸约25分钟，取出后表面均匀涂上酱油待凉，备用。
4. 将蒸鸡放入烤箱中，以上火200℃、下火200℃烤至表面焦黄后取出，待凉后剁块盛入盘中，再撒上熟白芝麻增加风味即可（盛盘后可另加入葱段、绿叶装饰）。

唐扬炸鸡

材料

去骨鸡腿肉300克、白芝麻1茶匙

调料

蒜泥1大匙、酱油1大匙、鸡蛋1个、淀粉1大匙、面粉1大匙

做法

1. 去骨鸡腿肉洗净切小块，加入蒜泥、酱油、鸡蛋抓匀，再加入淀粉及面粉拌匀后加入白芝麻略拌，备用。
2. 热锅，加入约500毫升食用油烧热至约160℃，将鸡块依序下锅，以中火炸约2分钟至表面略金黄定形后，捞出沥干油分，备用。
3. 将油锅持续加热至约180℃，再次将鸡块入锅，以大火炸约1分钟至颜色变深、表面酥脆后，捞起沥油盛盘即可（盛盘后可另加入生菜叶、番茄片装饰）。

客家炒鸭肠

材料

鸭肠300克、芹菜100克、蒜2瓣、姜丝30克、红辣椒1个

调料

豆瓣酱1大匙、白糖1茶匙、盐少许

做法

1. 鸭肠洗净切小段；芹菜摘除叶子洗净切段；蒜切碎；红辣椒洗净切碎，备用。
2. 热锅，加少许食用油，爆香蒜碎、姜丝、红辣椒碎及豆瓣酱。
3. 再放入鸭肠炒熟，加入芹菜拌炒均匀，最后加盐及白糖调味即可。

宫保牛肉

材料

牛肉150克、蒜片少许、葱段少许、干辣椒段10克、花椒1茶匙

调料

Ⓐ 蚝油1大匙、酱油1茶匙、米酒1大匙、水2大匙
Ⓑ 水淀粉1大匙、香油1茶匙、辣油1茶匙

腌料

盐1/2茶匙、胡椒粉1/2茶匙、酱油1茶匙、米酒1大匙

做法

1. 牛肉洗净切片，加入腌料抓匀，腌渍约10分钟后，过油，备用。
2. 热锅，加入适量食用油，放入蒜片、葱段、干辣椒段、花椒小火炒香，再加入牛肉片及调料A以大火快炒1分钟至均匀。
3. 锅中淋入水淀粉勾芡拌匀，起锅前再淋入香油及辣油拌匀即可。

葱爆牛肉

材料

牛肉片200克、葱150克、姜片8克

调料

Ⓐ 水30毫升、蚝油1大匙、盐1/4茶匙、白糖1/4茶匙、米酒1茶匙 Ⓑ 水淀粉适量

腌料

酱油1茶匙、白糖1/4茶匙、小苏打粉1/4茶匙

做法

1. 牛肉片加入所有腌料，静置15分钟，备用。
2. 将葱洗净切成3厘米长段，葱白、葱绿分开，备用。
3. 取锅加1/4锅食用油，烧热至160℃，放入腌好的牛肉片，搅散后炸至肉色变白盛出，将油倒出。
4. 重新加热锅，放入 1 大匙食用油、姜片与葱白，以小火炒2分钟。
5. 加入炸过的牛肉片、葱绿与调料A，以中火炒约2分钟至汤汁收干，最后加入调料B勾芡即可。

滑蛋牛肉

材料

鸡蛋4个、牛肉片100克、葱花15克、高汤80毫升

调料

盐1/4茶匙、米酒1茶匙、淀粉1茶匙

做法

1. 牛肉片放入小碗中，加入1茶匙淀粉充分抓匀，放入滚水中汆烫5秒，立即捞出冲凉，沥干备用。
2. 将其余调料放入小碗中调匀备用。
3. 鸡蛋打入大碗中，加入调料搅打均匀，再加入牛肉片及葱花拌匀。
4. 热锅，倒入2大匙食用油烧热，将做法3的材料拌匀后倒入锅中，以中火翻炒至蛋液凝固即可。

芥蓝牛肉

材料

牛肉片150克、芥蓝100克、鲍鱼菇1片、胡萝卜片10克、姜末1/4茶匙、水3大匙

调料

蚝油2茶匙、盐少许、白糖1/4茶匙

腌料

蛋液2茶匙、盐1/4茶匙、酱油1/4茶匙、料酒1/2茶匙、淀粉1/2茶匙

做法

1. 牛肉片加入所有腌料，搅拌数十下。
2. 芥蓝切去硬蒂、摘除老叶后洗净；鲍鱼菇切小块、洗净，备用。
3. 煮一锅滚水，加入1茶匙白糖（分量外），放入芥蓝氽烫熟后，捞出盛入盘底。
4. 热锅，加入2大匙食用油，以中火将牛肉片煎至九分熟后盛出，备用。
5. 再次加热锅，放入鲍鱼菇块、胡萝卜片、姜末略炒，再加入水、所有调料及牛肉片，以大火快炒1分钟至均匀，盛入盘中即可。

铁板牛柳

材料

牛肉150克、洋葱1/2个、蒜末1茶匙、奶油1大匙

调料

Ⓐ 黑胡椒粗粉1茶匙、蚝油1大匙、盐1/8茶匙、白糖1/4茶匙 Ⓑ 水淀粉1茶匙

腌料

酱油1茶匙、白糖1/4茶匙、淀粉1/2茶匙、嫩肉粉1/4茶匙

做法

1. 牛肉洗净，顺纹路切成长约0.5厘米的条状，再加入所有腌料一起拌匀，腌渍约30分钟备用。
2. 洋葱洗净切丝，备用。
3. 热锅，加入适量食用油，放入牛柳，泡入温油中约1分钟后，捞起沥干油分，备用。
4. 倒出多余的油，再放入奶油加热融化，加入蒜末、洋葱丝用小火炒软；加入调料A，再放入牛肉丝，以大火快炒均匀后，以水淀粉勾芡，盛于铁板上即可。

蚝油牛肉

材料

牛肉180克、鲜香菇50克、葱段少许、姜片8克、红辣椒片少许

调料

Ⓐ 嫩肉粉1/8茶匙、小苏打粉1/8茶匙、水1大匙、淀粉1茶匙、酱油1茶匙、蛋清1大匙 Ⓑ 食用油1大匙、蚝油1大匙、酱油1茶匙、水1大匙、水淀粉1茶匙、香油1茶匙

做法

1. 牛肉洗净切片后以调料A抓匀，腌渍约20分钟后加入1大匙食用油抓匀；鲜香菇汆烫后冲凉沥干切片，备用。
2. 热锅，倒入约200毫升食用油，以大火将油温烧热至约100℃后放入牛肉片，快速拌开至牛肉表面变白即捞出。
3. 将油倒出，锅底留少许油，以小火爆香姜片、葱段、红辣椒片后，放入鲜香菇片、蚝油、酱油及水炒匀；再加入牛肉片，以大火快炒约10秒后加入水淀粉勾芡，最后洒入香油即可。

黑椒牛柳

材料

牛肉丝300克、青椒30克、红甜椒30克、洋葱1/2个、蒜末1茶匙

调料

黑胡椒粉2茶匙、酱油1茶匙、蚝油1茶匙、白糖1/2茶匙、奶油1茶匙

腌料

小苏打粉1/4茶匙、水40毫升、蛋液1茶匙、盐1/4茶匙、白糖1/4茶匙、酱油1/2茶匙、淀粉1茶匙

做法

1. 牛肉丝加入全部腌料混合拌匀，静置约15分钟备用。
2. 青椒、红甜椒和洋葱洗净，切条状，备用。
3. 取锅，加入适量食用油，将牛肉丝以低温过油方式，至外观变白后，捞出沥油。
4. 另取锅，加入2大匙食用油，放入蒜末和洋葱条以小火炒软后，放入青椒条、红甜椒条、牛肉丝和所有调料，以大火快炒2分钟即可。

酱爆牛肉

材料

牛肉200克、洋葱80克、青椒60克、蒜末1/2茶匙、姜末1/2茶匙

调料

Ⓐ 嫩肉粉1/4茶匙、淀粉1茶匙、酱油1茶匙、蛋清1大匙 Ⓑ 辣椒酱1大匙、番茄酱2大匙、高汤50毫升、白糖1茶匙、水淀粉1/2茶匙

做法

1. 牛肉洗净切片，与调料A拌匀，腌渍约15分钟备用。洋葱、青椒切成与牛肉片同宽的片，洗净沥干。
2. 热锅，倒2大匙食用油，将牛肉放入锅中，以大火快炒至牛肉表面变白即捞出。
3. 另热一锅倒入1大匙食用油，先以大火爆香蒜末及姜末，再加入辣椒酱及番茄酱拌匀，转小火炒至油变红且香味溢出。
4. 倒入高汤、白糖、青椒、洋葱，以大火快炒约10秒，加入牛肉快炒5秒后加入水淀粉勾芡即可。

椒麻牛肉

材料

牛肉片150克、葱20克、姜10克、红辣椒10克

调料

酱油1大匙、白醋1茶匙、白糖1茶匙、鸡精1茶匙、香油1大匙、辣油1大匙、花椒粉1茶匙、水30毫升

腌料

酱油适量、白胡椒粉适量、香油适量、淀粉适量

做法

1. 牛肉片加入所有腌料腌10分钟，放入滚水中关火泡熟，捞起沥干，放至盘上备用。
2. 葱、姜、红辣椒洗净切末，加入所有调料拌匀成酱汁，最后淋至盘上即可。

香菜炒牛肉

材料

牛肉150克、香菜梗（切段）30克、红辣椒丝适量、葱丝少许、姜丝8克

调料

Ⓐ 嫩肉粉1/6茶匙、淀粉1茶匙、酱油1茶匙、蛋清1大匙 Ⓑ 酱油1大匙、白糖1/2茶匙、香油1茶匙

做法

1. 将牛肉洗净切丝，加入调料A拌匀，腌渍约15分钟，备用。
2. 热一炒锅，加入约2大匙食用油，放入牛肉丝，以大火快炒至牛肉表面变白，盛出备用。
3. 另热一炒锅，加入约1茶匙食用油，以小火爆香红辣椒丝、姜丝、葱丝，再放入牛肉丝快炒约5秒。
4. 在锅中加入酱油及白糖，转大火快炒至汤汁收干，接着加入香菜梗段略炒匀，起锅前洒上香油即可。

干丝牛肉

材料

牛肉丝80克、干丝100克、姜丝30克、红辣椒丝30克、葱丝30克

调料

Ⓐ 淀粉1茶匙、酱油1茶匙、蛋清1大匙、食用油适量
Ⓑ 酱油3大匙、白糖1大匙、水5大匙、香油1茶匙

做法

1. 牛肉丝加入淀粉及酱油拌匀，再加入蛋清搅拌，最后加入食用油，腌渍备用。
2. 热油锅，加入牛肉丝炒开，待表面变白后，起锅沥油备用。
3. 原锅中加入姜丝及红辣椒丝拌炒，再加入干丝、酱油、白糖、水拌炒，酱汁快干时加入牛肉丝、红辣椒丝及葱丝最后淋入香油即可。

甜椒牛肉丁

材料

牛肉200克、甜豆荚段适量、红甜椒丁50克、黄甜椒丁50克、蒜末1/2茶匙

调料

盐1/4茶匙、蚝油1茶匙、白糖1/4茶匙、水淀粉少许

腌料

蛋液2茶匙、盐1/4茶匙、酱油1/4茶匙、料酒1/2茶匙、淀粉1/2茶匙

做法

1. 牛肉洗净切丁状，加入所有腌料，拌匀备用。
2. 热锅，以中火将牛肉丁煎熟、盛出，备用。
3. 放入蒜末炒香，再放入甜豆荚段、红甜椒丁、黄甜椒丁、盐炒匀，接着放入牛肉丁及蚝油、白糖炒1分钟，起锅前加入少许水淀粉拌炒均匀即可。

孜然牛肉

材料

牛肉200克、葱段60克、蒜片20克、干辣椒段10克

调料

Ⓐ 嫩肉粉1/4茶匙、淀粉1大匙、酱油1茶匙、蛋清1大匙、水1大匙 Ⓑ 盐1/4茶匙、孜然粉1茶匙、胡椒粉1/2茶匙

做法

1. 牛肉洗净，切成筷子粗细的条状，加入所有调料A抓匀后，腌渍20分钟，备用。
2. 热一炒锅，加入500毫升食用油热至160℃左右，放入牛肉条以大火炸约30秒，捞出沥干油。
3. 将锅中多余的油倒出，以小火爆香葱段、蒜片及干辣椒段，接着加入牛肉条和盐、孜然粉、胡椒粉炒匀即可。

醋熘牛肉丝

材料

牛肉丝300克、竹笋丝60克、黑木耳丝30克、胡萝卜丝30克、芹菜段30克

调料

Ⓐ 白醋1大匙、酱油1茶匙、白糖1/2茶匙 Ⓑ 水淀粉1茶匙

做法

1. 将竹笋丝、黑木耳丝、胡萝卜丝、芹菜段洗净，备用。
2. 将牛肉迅速过油沥干，备用。
3. 将全部的配菜入锅以中火炒1分钟至软，倒入调料A混匀，再加入水淀粉勾芡。
4. 将牛肉丝加入锅中拌炒均匀即可。

水莲炒牛肉

材料

水莲300克、牛肉片150克、蒜3瓣、红辣椒1/3个

调料

酱油膏1大匙、米酒1茶匙、香油1茶匙、盐少许、白胡椒粉少许

做法

1. 水莲洗净切成小段，再泡入冷水中；牛肉洗净切条；蒜切片；红辣椒洗净切成圈状，备用。
2. 热锅，先加入1大匙食用油，再加入牛肉条炒香，炒至牛肉条变白后加入蒜片和红辣椒片，再以大火翻炒均匀。
3. 加入处理好的水莲和所有的调料，一起翻炒均匀即可。

牛肉粉丝

材料

Ⓐ 粉丝2捆、牛肉片80克、芹菜末5克、红辣椒丝5克 Ⓑ 鲜香菇片40克、葱丝10克、姜末5克、蒜末5克、蒜苗片20克

调料

Ⓐ 淀粉1茶匙、嫩肉粉1/6茶匙、酱油1大匙、料酒1茶匙、蛋清1大匙 Ⓑ 沙茶酱2大匙、蚝油1大匙、高汤150毫升、白糖1/2茶匙、香油1茶匙

做法

1. 粉丝泡水约20分钟至完全变软，切成约6厘米的长段；牛肉片用调料A抓匀，腌渍5分钟备用。
2. 热锅，倒入2大匙食用油，放入牛肉片以大火快炒约30秒，至表面变白捞出备用。
3. 锅中留少许油，放入材料B以小火爆香，再加入沙茶酱略炒香后，加入蚝油、高汤、白糖及粉丝段煮至滚沸后，放入牛肉片，以中火拌炒约1分钟至汤汁略收干，再加入芹菜末、红辣椒丝和香油炒匀即可。

黑木耳炒牛肉

材料

冷冻牛腱心1条、干黑木耳30克、干金针菇20条、姜片1茶匙、葱段1大匙、红辣椒丝少许、红葱末1茶匙

调料

蛋液1茶匙、盐1/4茶匙、白糖1/4茶匙、酱油1/2茶匙、淀粉1茶匙、水40毫升

腌料

辣豆瓣酱1茶匙、蚝油1茶匙、白糖1/4茶匙

做法

1. 牛腱心退冰后，取出切成0.3厘米厚片状，加入全部腌料混合拌匀备用。
2. 干黑木耳和干金针菇泡水至涨发，去蒂头后捞起沥干。
3. 取锅，加入适量食用油，将牛腱心片以低温过油方式，至外观变白后，捞出沥油。
4. 另取锅，加入1大匙食用油，放入姜片和辣豆瓣酱油略炒，再加入牛腱心和剩余的材料快炒。
5. 最后加入水和其余调料，以小火煮至牛肉成熟。

沙茶牛小排

材料

牛小排（去骨）200克、蒜末5克、洋葱80克、红甜椒40克

调料

沙茶酱1大匙、粗黑胡椒粉1茶匙、A1酱1/2茶匙、水2大匙、盐1/4茶匙、白糖1茶匙、水淀粉1茶匙、香油1茶匙

做法

1. 将牛小排洗净切小块；洋葱及红甜椒洗净切丝，备用。
2. 热锅倒入约2大匙食用油，加入牛小排以小火煎至微焦香取出，备用。
3. 锅中留少许油，以小火爆香洋葱丝、红甜椒丝、蒜末，加入沙茶酱及粗黑胡椒粉略翻炒均匀。
4. 再加入A1酱、水、盐及白糖拌匀，加入牛小排，以中火炒约20秒，以水淀粉勾芡，洒上香油炒匀即可。

韭黄牛肉丝

材料

韭黄400克、牛肉150克、姜丝15克、红辣椒丝15克

调料

Ⓐ 盐1/2茶匙、白糖1/4茶匙、鸡精1/2茶匙、白胡椒粉1/2茶匙、米酒1大匙 Ⓑ 水60毫升、香油适量、水淀粉适量、淀粉适量

做法

1. 韭黄洗净切段；牛肉洗净切丝，并均匀裹上淀粉，备用。
2. 热一锅，加入适量食用油，放入姜丝、红辣椒丝、牛肉丝爆香。
3. 加入水拌炒，再加入调料A。
4. 加入韭黄段拌炒均匀，再以水淀粉勾薄芡，并洒上香油即可。

椒盐牛小排

材料

牛小排500克、葱3根、蒜6瓣、红辣椒2个

调料

Ⓐ 嫩肉粉1/4茶匙、淀粉1茶匙、酱油1茶匙、蛋清1大匙 Ⓑ 盐1/4茶匙、粗黑胡椒粉1/2茶匙

做法

1. 牛小排洗净切成块状，加入所有调料A抓匀，腌渍约20分钟；葱、蒜、红辣椒洗净切碎，备用。
2. 热一炒锅，加入约500毫升食用油，油温热至约160℃，将牛小排一块块放入油锅中，以大火炸约30秒，捞出沥干油。
3. 倒掉锅中的油，以小火爆香葱、蒜及红辣椒碎，加入牛小排，撒入盐及黑胡椒粉炒匀即可。

韭黄牛肚

材料

熟牛肚150克、韭黄段100克、竹笋丝20克、红辣椒丝10克、蒜末5克

调料

Ⓐ 酱油1茶匙、白醋1茶匙、米酒1大匙 Ⓑ 酱油适量、盐适量、白糖适量、米酒适量、白胡椒粉适量 Ⓒ 水淀粉1大匙、香油1茶匙

做法

1. 热一锅，放入切丝的熟牛肚，加入1大匙食用油、蒜末和调料A炒匀，捞起备用。
2. 另起锅，加1大匙食用油，放入其余材料爆香，放入牛肚丝和调料B炒匀，最后加入水淀粉勾芡，并洒上香油即可。

黑胡椒煎羊排

材料

羊排4个、蘑菇3朵、西蓝花150克

调料

粗黑胡椒粉少许、奶油1大匙、鸡精少许、水适量

做法

1. 先将羊排洗净，再使用拍肉器将羊排的肉质拍松，备用。
2. 蘑菇洗净后去蒂刻花；西蓝花洗净去粗丝，切成小朵状，与蘑菇一起放入滚水中氽烫至熟后捞起沥干，备用。
3. 取一不沾锅，先加入少许的食用油，再放入羊排，以中小火将羊排煎至双面上色且熟即可盛盘。
4. 将调料混合煮匀成黑胡椒酱，淋至羊排上，再于盘中摆上蘑菇、西蓝花即可。

油菜炒羊肉片

材料

羊肉片220克、油菜段200克、蒜末10克、姜丝15克、红辣椒圈10克

调料

盐1/4茶匙、鸡精1/4茶匙、酱油少许、米酒1大匙、香油2大匙

做法

1. 油菜段放入沸水中汆烫一下捞出，备用。
2. 热锅，加入2大匙香油，爆香蒜末、姜丝、红辣椒圈，再放入羊肉片拌炒至变色。
3. 接着加入所有调料炒匀，最后放入油菜拌炒一下即可。

空心菜炒羊肉

材料

羊肉片150克、空心菜100克、姜丝少许、红辣椒丝少许、蒜末1/2茶匙

调料

盐1/2茶匙、沙茶酱2茶匙

腌料

酱油1茶匙、淀粉1茶匙、沙茶酱1茶匙

做法

1. 将羊肉片加入所有腌料抓匀；空心菜洗净沥干切段、备用。
2. 热锅，加入适量食用油，放入羊肉片，以大火快炒至肉色反白后盛出，备用。
3. 锅中加入其余材料爆香，再放入空心菜段，以大火快炒30秒，最后加入羊肉片及所有调料，快炒均匀即可。

蒜苗炒鲷鱼

材料

鲷鱼肉300克、蒜苗2根、红甜椒1/2个、姜丝15克、蒜末1/2茶匙、水50毫升

调料

豆瓣酱1大匙、米酒1大匙、白糖1/2茶匙、水淀粉1/2茶匙

做法

1. 将鲷鱼肉洗净切厚片，加入水淀粉拌匀。
2. 红甜椒洗净切片；蒜苗洗净切段备用。
3. 热锅加入2大匙食用油，放入鲷鱼肉和姜丝、蒜末以中火炒2分钟。
4. 锅中加入所有调料和水，以小火炒3分钟，最后加入蒜苗段、红甜椒片炒1分钟即可。

蒜椒鱼片

材料

鲜鱼肉180克、蒜60克、红辣椒2个

调料

Ⓐ 淀粉1茶匙、料酒1茶匙、蛋清1大匙 Ⓑ 盐1/2茶匙、鸡精1/2茶匙

做法

1. 将鲜鱼肉切成厚约0.5厘米的片状，再以调料A抓匀，备用。
2. 蒜、红辣椒皆洗净切末，备用。
3. 将鲜鱼片放入滚水中汆烫约1分钟至熟即装盘，备用。
4. 热锅，加入约2大匙的食用油，放入蒜末、红辣椒末及盐、鸡精，以小火炒约1分钟至有香味后即可起锅。
5. 淋至鱼片上即可。

西芹炒鱼块

材料

七星鲈鱼1/2条、西芹80克、红甜椒20克、胡萝卜15克

调料

盐1/2茶匙、白糖1/4茶匙、水2大匙、水淀粉1/2茶匙

腌料

盐1/4茶匙、胡椒粉1/8茶匙、淀粉1/2茶匙、香油1/2茶匙

做法

1. 七星鲈鱼洗净去骨，取半边的鱼肉，将鱼肉切小块，加入所有腌料拌匀静置约5分钟，备用。
2. 西芹、红甜椒洗净，切菱形块；胡萝卜洗净切花，备用。
3. 热锅，加入2大匙食用油，放入鱼块轻轻推炒至肉色变白盛出，备用。
4. 放入其余材料，加入所有调料略炒，再放入鱼块炒匀，起锅前加入水淀粉勾芡即可。

糖醋鱼

材料

黄鱼1条（约600克）、洋葱丁2大匙、青椒丁1大匙、红甜椒丁1大匙、香菜少许

调料

白醋100毫升、白糖100克、番茄酱3大匙、盐1/4茶匙、淀粉适量

腌料

盐1/2茶匙、胡椒粉1/4茶匙、香油1茶匙、蛋液2大匙、淀粉1大匙

做法

1. 黄鱼从腹部剖开至背部脊柱，在两面鱼身上各深划5刀备用；将全部腌料混合拌匀后，放入黄鱼腌渍约10分钟后，均匀沾上淀粉。
2. 取锅，加入适量的食用油烧热至约180℃，将鱼放入以小火炸约4分钟，改转大火炸约30秒钟至外观金黄酥脆，捞出沥油盛盘。
3. 另取锅加油后，放入洋葱炒软，再加入其余调料煮滚后，放入青椒和红甜椒煮沸，淋至鱼身上，用香菜装饰即可。

五柳鱼

材料

金目鲈鱼1条、胡萝卜丝30克、洋葱丝30克、黑木耳丝20克、熟竹笋丝30克、青椒丝20克、面粉适量、水200毫升、姜片10克、葱段10克

调料

米酒1大匙、盐少许、水淀粉适量

腌料

白糖1大匙、盐1/4茶匙、酱油1茶匙、白醋1大匙、番茄酱1茶匙

做法

1. 金目鲈鱼处理后洗净沥干，加入所有腌料腌约10分钟后取出，沾上面粉备用。
2. 将金目鲈鱼放入油锅内炸熟后捞出。
3. 锅中留约1大匙油，放入洋葱丝炒香后，放入胡萝卜丝、黑木耳丝、熟竹笋丝拌炒均匀。
4. 锅中加入水煮沸后，加入所有调料、青椒丝拌匀，以水淀粉勾芡，即成五柳酱。
5. 将五柳酱淋在金目鲈鱼上即可。

香煎鲳鱼

材料

白鲳鱼1条（约200克）、葱段少许、姜片1片、面粉60克、柠檬1/4个

调料

盐5克、白胡椒粉3克、米酒10毫升、花椒盐适量

做法

1. 白鲳鱼清洗干净，在鱼身两面划上数刀。
2. 葱段、姜片和调料抹在白鲳鱼的全身，腌约20分钟后，撒上一层薄薄的面粉备用。
3. 取锅，加入食用油烧热后，放入白鲳鱼以大火先煎过，改转中火煎熟至酥脆即可盛盘。
4. 可搭配柠檬和花椒盐一起食用。

干煎虱目鱼

材料

虱目鱼250克

调料

盐适量、料酒适量

做法

1. 虱目鱼洗净，撒上盐及料酒，腌约10分钟后擦干，备用。
2. 热锅，倒入少许食用油烧热，放入虱目鱼，转中大火煎约20秒，再转小火煎约4分钟后翻面，另一面也以相同做法煎至表面呈金黄色即可（可加适量葱丝、红辣椒丝装饰）。

蒜香煎鲑鱼

材料

鲑鱼350克、蒜片15克、姜片10克、柠檬片1片

调料

盐1/2茶匙、米酒1/2大匙

做法

1. 鲑鱼洗净沥干，放入姜片、盐和米酒腌约10分钟备用。
2. 热锅，锅面上刷上少许食用油，放入鲑鱼煎约2分钟。
3. 将鲑鱼翻面，放入蒜片一起煎至金黄色，取出盛盘放上柠檬片即可（可加香草叶装饰）。

味噌酱烤鳕鱼

材料

鳕鱼片2片、柠檬（挤汁）2瓣

调料

Ⓐ 味醂2大匙、白味噌1/2大匙 Ⓑ 七味粉适量

做法

1. 将鳕鱼片加入所有调料A腌约10分钟备用。
2. 烤盘铺上铝箔纸，并在表面上涂上少许食用油，放上鳕鱼片。
3. 烤箱预热至150℃，放入鳕鱼，烤约10分钟至熟。
4. 取出鳕鱼，挤上柠檬汁，再撒上适量的七味粉即可。

盐烤鲭鱼

材料

鲭鱼1条（约250克）、柠檬1/4个

调料

盐3大匙

做法

1. 将鲭鱼洗净，以餐巾纸擦干，在肉厚处划刀，再于鳍和尾部抹上大部分的盐，鱼身撒上少许盐。
2. 烤箱预热至200℃，放入烤箱中烤10～12分钟，烤至鱼皮略焦即可。
3. 取出后趁热挤上柠檬汁，即可享用。

盐烤鱼下巴

材料

鱼下巴4片

调料

米酒2大匙、盐1茶匙

做法

1. 鱼下巴洗净后抹上米酒，静置约3分钟。
2. 烤箱预热至220℃，于烤盘铺上铝箔纸备用。
3. 将盐均匀地撒在鱼下巴的两面，再将其放至烤盘上，放入烤箱烤约7分钟至熟即可。

味噌烤鱼

材料

白北鱼1片（约150克）、蘑菇片少许、葱段少许、姜片5克

调料

味噌3大匙

腌料

蛋液2茶匙、盐1/4茶匙、酱油1/4茶匙、料酒1/2茶匙、淀粉1/2茶匙

做法

1. 将白北鱼洗净，再使用餐巾纸吸干水分。
2. 将白北鱼放入味噌腌约30分钟后放入烤盘中备用。
3. 再将蘑菇片、葱段和姜片放至白北鱼上，放入已预热的烤箱中，以上火190℃、下火190℃烤10分钟，至外观上色即可。

韭黄鳝糊

材料

鳝鱼100克、韭黄80克、姜10克、红辣椒5克、蒜5克、香菜2克

调料

Ⓐ 白糖1大匙、酱油1茶匙、蚝油1茶匙、白醋1茶匙、米酒1大匙 Ⓑ 香油1茶匙 Ⓒ 水淀粉1大匙

做法

1. 鳝鱼放入沸水中煮熟，捞出放凉后撕成小段，备用。
2. 韭黄洗净切段；姜洗净切丝；红辣椒洗净切丝；蒜洗净切末，备用。
3. 热锅倒入适量食用油，放入姜丝、红辣椒丝爆香，再放入韭黄段炒匀。
4. 加入鳝鱼段及调料A拌炒均匀，再以水淀粉勾芡后盛盘。
5. 于鳝糊中，放上蒜末、香菜，另煮滚香油淋在蒜末上即可。

酥炸水晶鱼

材料

水晶鱼80克、罗勒5克

调料

胡椒盐适量

面糊材料

中筋面粉7大匙、淀粉1大匙、食用油1大匙、吉士粉1茶匙

做法

1. 面糊材料拌匀备用。
2. 水晶鱼洗净沥干，均匀沾裹上面糊备用。
3. 热锅倒入稍多食用油，放入水晶鱼炸至表面金黄酥脆，捞起沥干备用。
4. 锅中放入罗勒叶稍炸至酥脆，捞起沥干，与水晶鱼一起盛盘，搭配胡椒盐即可食用。

月亮虾饼

材料

润饼皮2张、虾仁200克、荸荠60克、蒜末5克、姜末5克、葱末10克、肥猪绞肉20克、蛋液1/3个

调料

Ⓐ 盐1/4茶匙 Ⓑ 白糖少许、米酒少许、胡椒粉少许
Ⓒ 淀粉1大匙、香油1/4茶匙

做法

1. 虾仁去肠泥后拍扁剁碎；荸荠洗净去皮，拍扁剁碎备用。
2. 虾仁碎加入盐搅拌出黏性后，加入调料B拌匀，加入荸荠碎、蒜末、姜末、葱末与蛋液拌匀，再加入肥猪绞肉及调料C拌匀，摔打数次，此即为虾泥。
3. 取一润饼皮摊平，放上虾泥铺平，盖上另一张润饼皮压紧，即为生虾饼，再用牙签于表面均匀戳洞，备用。
4. 取锅加热，倒入3大匙食用油，放入生虾饼，小火半煎炸至两面皆金黄熟透，切片盛盘即可（食用时可另搭配泰式梅酱蘸食）。

金钱虾饼

材料

白虾8只、凉薯60克、鱼浆80克、蒜酥1/2茶匙、面包粉1/2碗

调料

盐1/2茶匙、白糖/2茶匙、胡椒粉1/4茶匙、香油1/2茶匙、淀粉1/2茶匙

做法

1. 白虾去壳、去肠泥，洗净吸干水分、切小丁，备用。
2. 凉薯去皮切细末，挤干水分，备用。
3. 将虾丁加入盐搅拌，再加入鱼浆及凉薯末，并加入其余调料、蒜酥拌匀。
4. 将虾丁捏成数个丸子状，再沾上面包粉后压成扁圆形，入油锅内以中油温炸约3分钟至金黄酥脆，捞出沥油后盛盘即可（食用时可另搭配番茄酱蘸食）。

咸酥溪虾

材料

溪虾300克、葱2根、红辣椒1个、蒜5瓣

调料

盐1/2茶匙、鸡精1/2茶匙

做法

1. 溪虾洗净沥干，用厨房纸巾略为擦干水分；葱切花；红辣椒洗净切丝；蒜洗净切碎备用。
2. 取锅，放入食用油烧热至约180℃时，放入溪虾炸约30秒至表皮酥脆即起锅，沥干油分。
3. 另外热锅，加入少许食用油，以小火爆香葱花、蒜碎、红辣椒丝，放入溪虾、所有调料，以大火快速翻炒至匀即可。

菠萝虾仁

材料

虾仁150克、菠萝60克

调料

柠檬汁10毫升、美乃滋40克、淀粉少许

腌料

盐适量、料酒适量、胡椒粉适量、香油适量、淀粉适量

做法

1. 虾仁洗净以牙签挑去肠泥，并于背部划刀不切断，再取纸巾将虾仁水分擦干后，放入所有腌料中腌渍约10分钟。
2. 热锅，倒入适量的食用油，待油温热至约150℃，将虾仁沾裹上淀粉，转中大火后将虾仁放入锅中，炸至虾仁呈酥脆状即可捞起沥油。
3. 另取锅，不开火，放入美乃滋及柠檬汁，再放入虾仁、菠萝拌匀即可。

滑蛋虾仁

材料

虾仁12只、鸡蛋3个、葱花少许

调料

鸡精1茶匙、盐少许、温水3茶匙

腌料

白糖1/4茶匙、蛋清1/2个、淀粉1茶匙、料酒1大匙

做法

1. 鸡精以温水调开后与鸡蛋一起打散，加入盐备用。
2. 虾仁从背部划刀，加入所有腌料抓匀；腌约20分钟备用。
3. 热锅，倒入1杯食用油，以冷油将虾仁放入油锅中过油至变色，捞起沥油备用。
4. 转小火，倒入蛋液，炒成半熟状捞起。
5. 锅中爆香葱花，加入虾仁及半熟蛋，拌炒1分钟至均匀即可。

宫保虾仁

材料

虾仁120克、姜丝5克、葱段10克、干辣椒段10克、去皮花生米30克

调料

Ⓐ 盐1/8茶匙、蛋清1茶匙、淀粉1茶匙 Ⓑ 宫保酱5大匙、淀粉1/4茶匙 Ⓒ 香油1大匙

做法

1. 虾仁洗净沥干水分后，用刀从虾背划开（深约1/3处），放入混合拌匀的调料A中腌约2分钟，取出均匀沾上淀粉（分量外）；调料B调匀成酱汁备用。
2. 热一锅，加入500毫升食用油烧热至约150℃，放入虾仁炸约2分钟至表面酥脆后，捞起沥油。
3. 另取锅，以小火爆香姜丝、葱段和干辣椒后，放入虾仁以大火快炒5秒后，边炒边将酱汁淋入炒匀，再撒上去皮花生米和香油即可。

豆苗虾仁

材料

大豆苗400克、虾仁200克、蒜末1大匙、红辣椒2个、水100毫升

调料

盐1茶匙、鸡精2茶匙、米酒1大匙、香油适量

做法

1. 大豆苗摘成约6厘米的段状，放入沸水中汆烫至软；红辣椒洗净切片，备用。
2. 虾仁去肠泥后放入沸水中汆烫至熟透，捞出备用。
3. 热一锅倒入适量食用油，放入蒜末、红辣椒片爆香。
4. 再加入所有调料、大豆苗与虾仁，以大火快炒均匀即可。

腰果虾仁

材料

草虾仁300克、胡萝卜40克、竹笋30克、青椒20克、葱白段20克、熟腰果100克

调料

盐1/2茶匙、鸡精1/4茶匙

做法

1. 草虾仁洗净；胡萝卜去皮，切菱形片；竹笋洗净切菱形片；青椒洗净切菱形片。
2. 将草虾仁和胡萝卜片放入滚水中略汆烫后，捞出沥干备用。
3. 取锅，加入少许食用油，放入草虾仁、胡萝卜片、竹笋片、青椒片和葱白段，以中火快炒2分钟，加入调料炒匀，先关火再加入腰果拌匀即可。

番茄虾仁

材料

草虾10只、番茄2个、葱花1茶匙、高汤100毫升

调料

番茄酱2大匙、白糖1/茶匙、盐1/2茶匙

做法

1. 草虾去壳留尾去泥肠，冲水洗净后以纸巾吸干水分；番茄洗净切块，备用。
2. 起一锅，加入食用油，放入草虾煎至金黄。
3. 锅中放入番茄块、高汤和其余调料，煮3分钟，最后撒上葱花即可。

胡椒虾

材料

白虾8只、洋葱1/4个、葱2根、蒜末1/2茶匙、奶油2茶匙、黑胡椒粉1/2茶匙

调料

盐1/4茶匙、酱油1/2茶匙、白糖1/2茶匙

做法

1. 白虾洗净、剪须，用牙签挑除肠泥，备用。
2. 洋葱洗净切片；葱洗净切段，备用。
3. 热锅，放入2茶匙食用油，将虾两面煎至焦脆，再放入蒜末、洋葱片、葱段及所有调料以小火炒约2分钟，再加入奶油、黑胡椒粉炒匀即可。

麻油烧酒虾

材料

白刺虾150克、当归1片、山药2片、枸杞子4克、姜5克、水100毫升

调料

酱油1茶匙、米酒300毫升、黑胡麻油2大匙

做法

1. 姜切片；当归、山药、枸杞子稍微洗净；白刺虾剪除长须、脚后洗净，备用。
2. 热锅倒入黑麻油，放入姜片炒香。
3. 锅中加入白刺虾、当归、山药、枸杞子及其余调料炒熟即可。

干烧大明虾

材料

大明虾12只、葱花2大匙、蒜末1茶匙、姜末1/2茶匙

调料

番茄酱3大匙、辣椒酱1茶匙、白糖1茶匙、蚝油1茶匙、淀粉1茶匙

做法

1. 将大明虾尖刺、虾须和虾脚剪除后，先用牙签挑除泥肠，再剪开虾背，洗净沥干备用。
2. 将大明虾均匀沾裹上淀粉，再放入油锅中以小火煎至两面变色，且外观呈酥脆状，即可盛起。
3. 另取锅，加入少许食用油，放入葱花、蒜末和姜末炒香后，加入大明虾和其余调料以小火炒至虾身裹上酱汁即可。

奶油草虾

材料

草虾200克（约8只）、洋葱15克、蒜10克

调料

奶油2大匙、盐1/4茶匙

做法

1. 把草虾洗净，剪掉长须、尖刺及脚后，挑去泥肠，用剪刀从虾背剪开（约深至1/3处），沥干水分备用。
2. 洋葱及蒜洗净切碎，备用。
3. 取一油锅，热油温至约180℃，将草虾下油锅炸约30秒至表皮酥脆，即可起锅沥油。
4. 另起一炒锅，热锅后加入奶油，以小火爆香洋葱末、蒜末，再加入草虾与盐，以大火快速翻炒1分钟至均匀即可。

焗烤奶油小龙虾

材料

小龙虾2只、蒜2瓣、葱2根、奶酪丝35克

调料

奶油1大匙、盐少许、白胡椒粉少许

做法

1. 先将小龙虾纵向剖开成两等份，洗净备用。
2. 蒜、葱洗净切碎末状，备用。
3. 将蒜碎和葱碎放入小龙虾的肉身上，再放入混合拌匀的调料，撒上奶酪丝，排放入烤盘中。
4. 上述食材放入上火200℃、下火200℃的烤箱中烤约10分钟，取出盛盘即可。

盐烤鲜虾

材料

鲜虾5只、柠檬1/4个

调料

盐1大匙

做法

1. 鲜虾洗净，剪去虾须和脚，然后从中间剖开但不切断，备用。
2. 将盐均匀地撒在鲜虾上。
3. 烤箱预热至200℃，将材料放入，烤5～6分钟，即可取出排盘，食用时趁热挤上柠檬汁一起食用即可。

杏仁片虾球

材料

虾泥300克、猪肥绞肉30克、荸荠4个、葱1根、姜末1/2茶匙、蛋清1/3个、香菜6克、杏仁片100克

调料

盐1/2茶匙、白糖1/2茶匙、料酒1茶匙、香油1茶匙、白胡椒粉少许

做法

1. 荸荠去皮，放入沸水中汆烫后切碎；葱、香菜洗净切末，备用。
2. 虾泥用餐巾纸吸干水分，加入肥猪绞肉、盐、蛋清拌匀，摔打至有黏稠感后，加入剩余调料、荸荠碎、葱末、香菜末及姜末拌匀，捏成适当大小的丸子。
3. 杏仁片平铺盘中，将虾丸均匀地沾裹上杏仁片后压紧。
4. 热一锅，倒入约半锅的食用油烧热至约130℃，转小火将杏仁片虾球入锅中炸至呈金黄色，起锅前转大火稍炸一下，再捞起沥油即可。

金沙软壳蟹

材料

软壳蟹3只、咸蛋黄4个、葱2根

调料

淀粉1大匙、盐1/8茶匙、鸡精1/4茶匙

做法

1. 把咸蛋黄放入蒸锅中蒸约4分钟至软，取出后，用刀压成泥状；葱切花备用。
2. 起一油锅，热油温至约180℃，将软壳蟹裹上淀粉后下锅，以大火慢炸约2分钟至略呈金黄色时，即可捞起沥干油。
3. 另起一炒锅，热锅后加入约3大匙食用油，转小火将咸蛋黄泥入锅，再加入盐及鸡精，用锅铲不停搅拌至蛋黄起泡且有香味后，加入软壳蟹并加入葱花翻炒均匀即可。

避风塘炒蟹

材料

花蟹1只（约220克）、蒜100克、红葱头30克、红辣椒1个

调料

Ⓐ 淀粉2大匙 Ⓑ 盐1/2茶匙、鸡精1/2茶匙、白糖1/4茶匙、料酒1大匙

做法

1. 花蟹洗净切小块；蒜、红葱头、红辣椒洗净切细末，备用。
2. 将蒜末及红葱头末放入油温约120℃的锅中，以中火慢炸约5分钟至略呈金黄色时，把花蟹块撒上一些淀粉（不需全部沾满）后一起下油锅炸约2分钟至表面酥脆，即可与蒜末一起捞出沥干油。
3. 锅留余油，开火后加入红辣椒末略炒过，即可加入花蟹块与蒜末，再加入所有调料B，以中火翻炒1分钟至水分收干且干香即可。

芙蓉炒蟹

材料
花蟹1只（约240克）、洋葱1/2个、葱2根、姜10克、鸡蛋1个

调料
Ⓐ 淀粉2大匙 Ⓑ 水200毫升、盐1/4茶匙、鸡精1/4茶匙、白糖1/6茶匙、料酒1大匙 Ⓒ 水淀粉1茶匙

做法
1. 花蟹洗净去鳃后切小块；葱洗净切小段、洋葱及姜洗净切丝；鸡蛋打成蛋液，备用。
2. 取一油锅，热油温至约180℃，在花蟹块上撒一点淀粉，下油锅炸约2分钟至表面酥脆，即可起锅沥油。
3. 另起一锅，热锅后加入少许食用油，以小火爆香葱段、洋葱丝、姜丝，再加入花蟹块与所有调料B，以中火翻炒约1分钟后用水淀粉勾芡，再淋上蛋液略翻炒即可。

呛辣炒蟹脚

材料
蟹脚150克、葱1根、蒜4瓣、红辣椒1个、罗勒5克

调料
白糖1茶匙、香油少许、米酒1大匙、酱油膏1大匙、沙茶酱1茶匙

做法
1. 蟹脚洗净用刀背将外壳拍裂，放入沸水中煮熟，捞起沥干备用。
2. 葱洗净切小段；蒜洗净切末；红辣椒洗净切末，备用。
3. 热锅倒入适量食用油，放入葱段、蒜末、红辣椒末爆香。
4. 再加入蟹脚及所有调料拌炒均匀。
5. 最后放入罗勒炒熟即可。

咖喱炒蟹

材料

花蟹2只、蒜末30克、洋葱丝100克、葱段80克、红辣椒丝30克、芹菜段120克、高汤200毫升、鸡蛋1个

调料

咖喱粉30克、酱油20毫升、蚝油50毫升、白胡椒粉适量、淀粉60克

做法

1. 花蟹洗净切块，在蟹钳的部分拍上适量淀粉。
2. 热锅加入500毫升食用油，以中火将花蟹炸至八分熟，且外观呈金黄色，捞起沥油备用。
3. 取炒锅烧热，加入25毫升食用油，放入蒜末、洋葱丝、葱段、红辣椒丝和芹菜段爆香。
4. 加入咖喱粉、酱油、蚝油、高汤和白胡椒粉，再放入炸好的花蟹炒匀，并以小火焖烧至高汤快收干。
5. 最后加入打散的鸡蛋液，以小火收干汤汁即可。

咖喱螃蟹粉丝

材料

螃蟹1只、粉丝50克、洋葱丁50克、蒜末30克、芹菜末40克、高汤300毫升

调料

咖喱粉2茶匙、盐1/2茶匙、鸡精1/2茶匙、白糖1/2茶匙、奶油2大匙、淀粉2大匙

做法

1. 将螃蟹洗净去鳃后切小块；粉丝泡冷水20分钟，备用。
2. 起一油锅，热油温至约180℃，在螃蟹块上撒一些淀粉，不需全部沾满，下油锅炸约2分钟至表面酥脆，即可起锅沥油。
3. 另起一锅，热锅后加入奶油，以小火爆香洋葱丁、蒜末后，加入咖喱粉略炒香，再加入螃蟹块及高汤、盐、鸡精、白糖以中火煮滚。
4. 待材料煮约30秒后，加入粉丝同煮，等汤汁略收干后，撒上芹菜末略拌匀即可起锅装盘。

铁板牡蛎

材料

牡蛎100克、豆腐1/2盒、葱1根、蒜3瓣、红辣椒1/2个、洋葱丝5克

调料

料酒1大匙、白糖1/2茶匙、香油少许、酱油膏1大匙、豆豉5克

做法

1. 牡蛎洗净后用沸水氽烫，沥干备用。
2. 豆腐切小丁；葱洗净切小段；蒜洗净切末；红辣椒洗净切圆片，备用。
3. 热锅，倒入适量食用油，放入葱段、蒜末及红辣椒片炒香，再加入牡蛎、豆腐丁及所有调料轻轻拌炒均匀。
4. 倒于铺有洋葱丝的铁板上即可。

豆豉牡蛎

材料

牡蛎150克、豆豉5克、蒜3瓣、葱1根、红辣椒1/2个

调料

白糖2茶匙、香油少许、米酒1茶匙、酱油膏1大匙

做法

1. 牡蛎洗净后用沸水氽烫，沥干备用。
2. 豆豉洗净沥干；蒜洗净切末；葱洗净切花；红辣椒洗净切圆片，备用。
3. 热锅倒入适量食用油，放入豆豉、蒜末、红辣椒片及葱花以小火爆香，再加入牡蛎及所有调料轻轻拌炒1分钟至均匀即可。

豆腐牡蛎

材料

板豆腐2块、牡蛎200克、姜末10克、蒜末10克、红辣椒圈10克、蒜苗片20克

调料

黄豆酱1.3大匙、白糖1/4茶匙、米酒1大匙、水淀粉适量

做法

1. 板豆腐切小块；牡蛎洗净沥干，备用。
2. 热锅，加入2大匙食用油，放入姜末、蒜末、红辣椒圈爆香，再放入黄豆酱炒香。
3. 锅中放入牡蛎轻轻拌炒，再加入板豆腐块、蒜苗片、白糖、米酒轻轻拌炒均匀至入味，起锅前加入水淀粉拌匀即可。

炸牡蛎酥

材料

牡蛎50克、罗勒5克、番薯粉适量

调料

胡椒盐适量

做法

1. 牡蛎挑去杂壳，洗净沥干，再均匀沾裹上番薯粉，备用。
2. 罗勒洗净沥干，摘取嫩叶，备用。
3. 热油锅，将牡蛎放入温油中炸约1分钟，再捞出沥油，备用。
4. 将罗勒放入油锅中略炸，捞出铺盘底，再放上牡蛎即可，可搭配胡椒盐食用。

泰式炒海鲜

材料

白虾5只、墨鱼50克、洋葱1/4个、圣女果4个、罗勒适量、蒜末1/2茶匙

调料

酱油1茶匙、白糖1/2茶匙、辣椒膏1茶匙、水1/3碗

做法

1. 白虾洗净、去壳留头；墨鱼洗净切小块，备用。
2. 洋葱洗净切片；圣女果洗净对切；罗勒洗净、择叶，备用。
3. 热锅，加入2茶匙食用油，放入蒜末炒香，再加入海鲜炒约2分钟，接着加入其余材料及所有调料煮约2分钟至匀后，放入罗勒炒匀即可。

葱爆墨鱼

材料

咸墨鱼200克、葱段50克、蒜末20克、红辣椒片5克

调料

酱油2大匙、米酒1大匙、水2大匙、白糖1茶匙

做法

1. 咸墨鱼用开水浸泡约5分钟，再捞出、洗净、沥干水分，备用。
2. 热一锅，加入约200毫升食用油，烧热至约160℃，将墨鱼放入以中火炸约2分钟至微焦香后捞出沥油。
3. 锅底留少许油，放入葱段、蒜末及红辣椒片炒香，接着加入墨鱼炒香，再加入所有调料炒至干香即可。

三杯鱿鱼

材料

鲜鱿鱼180克、姜50克、红辣椒2个、罗勒20克

调料

胡麻油2大匙、酱油膏2大匙、白糖1茶匙、米酒2大匙、水2大匙

做法

1. 鲜鱿鱼洗净切成圈状；姜洗净切片；红辣椒洗净剖半；罗勒挑去粗茎洗净，备用。
2. 将鲜鱿鱼圈放入滚水中汆烫约30秒，即捞出沥干水分。
3. 热锅，加入胡麻油，以小火爆香姜片及红辣椒，放入鲜鱿鱼圈及其他调料，以大火煮滚后，持续翻炒约2分钟至汤汁收干，最后加入罗勒略为拌匀即可。

蒜苗炒墨鱼

材料

墨鱼2只、蒜苗3根、红辣椒片适量

调料

酱油膏1大匙、白糖1茶匙、酱油1茶匙

做法

1. 墨鱼洗净，切成三角形块；蒜苗洗净，切斜刀厚片。
2. 热一油锅至高温，将墨鱼块炸至表面微黄，捞出沥干油。
3. 另起一锅，加入2大匙食用油，放入红辣椒片、所有调料和蒜苗段炒至软即可。

椒盐鲜鱿

材料

Ⓐ 鲜鱿鱼180克、葱末少许、蒜末20克、红辣椒末少许 Ⓑ 玉米粉1/2杯、吉士粉1/2杯 Ⓒ 蛋黄1个

调料

Ⓐ 盐1/4茶匙、白糖1/4茶匙 Ⓑ 白胡椒盐1/4茶匙

做法

1. 鲜鱿鱼洗净，剪开后去薄膜，在鱿鱼内面交叉斜切花刀后，用厨房纸巾略微吸干水分。
2. 鲜鱿鱼中加入调料A和蛋黄拌匀。
3. 将鱿鱼两面均匀沾裹上材料B调匀的炸粉。
4. 热油锅（油量需盖过鲜鱿鱼），将油烧热至160℃，再放入鱿鱼，以大火炸至表面呈金黄后捞起。
5. 锅底留下少许油，以小火爆香葱末、蒜末和红辣椒末，再加入鱿鱼和白胡椒盐，以大火快速翻炒均匀即可。

芹菜炒鱿鱼

材料

泡发鱿鱼300克、墨鱼300克、芹菜段400克、蒜末10克、姜末5克、红辣椒圈10克

调料

盐1/4茶匙、白糖少许、鸡精1/4茶匙、米酒1大匙、乌醋少许、鲜美露少许

做法

1. 泡发鱿鱼洗净切片，表面切花刀；墨鱼去除内脏洗净切片，表面切花刀，放入沸水中汆烫一下，捞起冲冷开水备用。
2. 热锅，加入2大匙食用油，放入蒜末、姜末以小火爆香，再放入鱿鱼及墨鱼炒数下。
3. 锅中加入红辣椒圈、芹菜段及所有调料以大火炒1分钟至均匀即可。

甜豆荚炒墨鱼

材料

甜豆荚300克、墨鱼100克

调料

XO酱30克、米酒少许、盐少许

做法

1. 甜豆荚洗净，撕去两旁粗纤维；墨鱼洗净沥干，先切花再切片状，备用。
2. 热一锅，加入适量食用油，放入甜豆荚拌炒，再放入墨鱼、米酒和盐拌炒均匀，最后加入XO酱略为拌炒即可。

麻辣鱿鱼

材料

鱿鱼100克、蒜末20克、芹菜段50克

调料

淀粉4大匙、花椒1茶匙、洋葱片1/4茶匙、盐1/4茶匙、鸡精1/4茶匙

做法

1. 把鱿鱼洗净、剪开、去皮膜、切条状，蘸裹上淀粉，备用。
2. 热油锅（油量要能盖过鱿鱼），待油温烧热至约160℃时，放入鱿鱼以大火炸约1分钟至表皮呈金黄酥脆，即可捞出沥油。
3. 在锅底留少许油，以小火爆香蒜末及花椒，加入鱿鱼、芹菜段、盐、鸡精及洋葱片，以大火快速翻炒均匀即可。

韭菜花炒鱿鱼

材料

泡发鱿鱼条200克、韭菜花段180克、蒜末10克、姜末10克、红辣椒丝10克

调料

酱油少许、盐1/4茶匙、鸡精1/4茶匙、胡椒粉少许、米酒1茶匙

做法

1. 热锅，加入适量食用油，放入蒜片、姜末爆香，再放入鱿鱼条炒香。
2. 锅中加入韭菜花段拌炒，最后加入所有调料炒至均匀入味，起锅前加入红辣椒丝略炒即可。

蛤蜊丝瓜

材料

丝瓜350克、蛤蜊80克、葱1根、姜10克

调料

盐1/2茶匙、白糖1/4茶匙

做法

1. 丝瓜去皮、去籽，切成菱形块，放入油锅中过油，捞起沥干备用。
2. 葱洗净切段；姜洗净切片；蛤蜊泡盐水吐沙，备用。
3. 热锅倒入适量食用油，放入葱段、姜片爆香，再加入丝瓜及蛤蜊以中火拌炒均匀，盖上锅盖焖煮至蛤蜊打开，最后再加入所有调料拌匀即可。

芹菜炒墨鱼

材料

墨鱼3只、芹菜200克、蒜片6片、红甜椒片5片

调料

盐1茶匙、白糖1/4茶匙、香油1.5茶匙、胡椒粉1/4茶匙

做法

1. 墨鱼洗净，先切花刀，再分切小片状，放入滚水中略汆烫，捞起沥干备用。
2. 芹菜洗净，切段状备用。
3. 取锅，加入3大匙食用油，放入蒜片、红甜椒片和芹菜段以大火略炒后，加入墨鱼片和全部调料炒匀即可。

罗勒海瓜子

材料

海瓜子500克、罗勒30克、蒜片15克、姜丝15克、红辣椒片15克

调料

蚝油1大匙、米酒2大匙、白糖1/4茶匙

做法

1. 海瓜子吐沙后洗净备用；罗勒摘取嫩叶，洗净沥干备用。
2. 热锅，倒入2大匙食用油，放入蒜片、姜丝、红辣椒片以中火爆香。
3. 锅中放入海瓜子拌炒一下，盖上锅盖焖约1分钟，再加入所有调料与罗勒拌匀即可。

炒芦笋贝

材料

芦笋贝280克、葱2根、姜10克、蒜10克、红辣椒1个

调料

Ⓐ 蚝油 1大匙、白糖 1/4茶匙、料酒 1大匙 Ⓑ 香油1茶匙

做法

1. 待芦笋贝吐沙干净后，放入滚水中汆烫约4秒即取出冲凉水、洗净沥干。
2. 葱洗净切段；姜、红辣椒洗净切丝；蒜洗净切末备用。
3. 热锅，加入1大匙食用油，以小火爆香葱段、姜丝、蒜末、红辣椒丝后，加入芦笋贝及所有调料A，转大火续炒至水分收干，再洒上香油略炒几下即可。

生炒鲜干贝

材料

鲜干贝160克、甜豆荚70克、胡萝卜15克、葱段少许、姜片10克、红辣椒片少许

调料

蚝油1大匙、米酒1大匙、水50毫升、水淀粉1茶匙、香油1茶匙

做法

1. 胡萝卜去皮后切片；甜豆荚洗净撕去粗边，备用。
2. 鲜干贝放入滚水中汆烫约10秒，即捞出、沥干。
3. 热锅，加入1大匙食用油，以小火爆香葱段、姜片、红辣椒片后，加入鲜干贝、甜豆荚、胡萝卜片及蚝油、米酒、水一起以中火炒匀。
4. 再炒约30秒后，加入水淀粉勾芡，最后洒上香油即可。

XO酱炒干贝

材料

鲜干贝250克、豆角30克、红甜椒1/3个、黄甜椒1/3个、蒜2瓣、红辣椒1/3个

调料

XO酱2大匙、盐少许、白胡椒粉少许

做法

1. 鲜干贝洗净，将水分沥干备用。
2. 豆角洗净切段；红甜椒、黄甜椒洗净切菱形片；蒜、红辣椒洗净切片状备用。
3. 起一个炒锅，加入1大匙食用油烧热，加入做法2的所有材料以中火翻炒均匀。
4. 再加入鲜干贝和所有调料翻炒均匀即可。

西芹炒干贝

材料

鲜干贝10颗、西芹2根、蒜1瓣、水2大匙

调料

XO酱1大匙、鸡精1茶匙、香油1大匙

做法

1. 鲜干贝浸泡沸水至熟，捞起沥干备用。
2. 蒜切末；西芹剥除粗丝洗净切段，放入沸水中汆烫去涩味，沥干备用。
3. 热锅，倒入少许食用油，爆香蒜末，然后加入XO酱炒香，加水煮至沸腾。
4. 加入西芹段与干贝拌炒均匀后加入鸡精调味。
5. 起锅前加香油拌匀即可。

沙茶炒螺肉

材料

凤螺肉240克、姜10克、红辣椒1个、蒜10克、罗勒20克

调料

Ⓐ 沙茶酱1大匙、盐1/4茶匙、鸡精1/4茶匙、白糖1/4茶匙、料酒1大匙 Ⓑ 香油1茶匙

做法

1. 把凤螺肉放入滚水中汆烫约30秒，即捞出冲凉，备用。
2. 将罗勒挑去粗茎、洗净沥干；姜洗净切丝；蒜、红辣椒洗净切末，备用。
3. 起一炒锅，热锅后加入1大匙食用油，以小火爆香姜丝、蒜末及红辣椒末后，加入凤螺肉及所有调料A；转中火持续翻炒1分钟至水分略干，再加入罗勒及香油略炒几下即可。

鲜果海鲜卷

材料

鱼肉50克、墨鱼30克、去皮香瓜丁50克、胡萝卜丁20克、洋葱丁20克、美乃滋2大匙、春卷皮6张、水6大匙、低筋面粉2大匙、面包粉适量

调料

盐1/2茶匙、白糖1/4茶匙、水淀粉1大匙

做法

1. 鱼肉、墨鱼洗净切丁，汆烫沥干，备用。
2. 热锅，放入洋葱丁以小火略炒，再加入3大匙水、海鲜、胡萝卜丁、所有调料煮滚；再加入水淀粉勾浓芡后熄火，待凉冷冻约10分钟，再加入美乃滋及香瓜丁拌匀，即为馅料。
3. 面粉加入3大匙水调成面糊，备用。
4. 春卷皮蘸凉开水即取出，放入1大匙馅料卷起，整卷蘸上面糊，再均匀蘸裹上面包粉，放入油锅中以低油温开中火炸至金黄且浮起，捞出沥油后盛盘即可。

咸蛋炒苦瓜

材料

苦瓜350克、咸蛋2个、蒜末10克、红辣椒末10克、葱末10克

调料

盐少许、白糖1/4茶匙、鸡精1/4茶匙、米酒1/2大匙

做法

1. 苦瓜洗净去头尾，剖开去籽切片，放入沸水略汆烫捞出，冲水沥干；咸蛋去壳切小片，备用。
2. 取锅烧热后倒入2大匙食用油，放入咸蛋片以小火爆香，加入蒜末、葱末炒香。
3. 锅中放入红辣椒末与汆烫过的苦瓜片以小火拌炒2分钟，最后加入所有调料拌炒至入味即可。

虾酱空心菜

材料

空心菜100克、蒜2瓣、红葱头2颗、红辣椒1/2个

调料

虾米2大匙、虾酱2大匙、白胡椒粉少许、水100毫升、盐1茶匙

做法

1. 先将空心菜洗净，切小段状，放入水里面泡水备用，再加入1茶匙盐一起浸泡。
2. 再将红葱头、蒜、红辣椒都洗净，切成片状备用。
3. 取一个炒锅，倒入适量食用油，以小火爆香红葱头片、蒜片、红辣椒片，再加入虾酱与其余调料炒匀。
4. 锅中再加入空心菜以中火翻炒均匀，上盖焖1分钟即可。

腐乳卷心菜

材料

卷心菜300克、蒜末1/2茶匙、姜丝10克、红辣椒末5克

调料

豆腐乳2块、白糖1/4茶匙、绍兴酒1茶匙、水1大匙

做法

1. 将所有调料混合，备用。
2. 卷心菜洗净、切小块后泡水，待要炒时再捞出沥水，备用。
3. 热锅，加入2大匙食用油，放入蒜末、姜丝炒香，再加入卷心菜以大火快炒约2分钟，加入调料、红辣椒末，再快炒1分钟即可。

虾皮炒卷心菜

材料

卷心菜350克、虾皮5克、蒜末5克、胡萝卜片15克

调料

盐1/4茶匙、鸡精少许、米酒1茶匙、黑胡椒粉适量

做法

1. 卷心菜洗净、切小片，备用。
2. 锅烧热倒入1大匙食用油，放入蒜末和虾皮爆香，再放入卷心菜片、胡萝卜片，及所有调料拌炒均匀即可。

腐乳空心菜

材料

空心菜段300克、蒜片10克、红辣椒圈10克

调料

豆腐乳25克、米酒2大匙、鸡精1/4茶匙、白糖少许

做法

1. 空心菜段分成菜梗及菜叶，备用。
2. 豆腐乳加入米酒捣散拌匀，备用。
3. 热锅，放入2大匙食用油，加入蒜片、红辣椒圈爆香，再加入做法2的腐乳酒炒香，放入空心菜梗拌炒均匀，再放入空心菜叶及鸡精、白糖快炒均匀至入味即可。

酱爆卷心菜

材料

卷心菜片500克、猪肉片100克、蒜末10克、红辣椒片10克、蒜苗片25克

调料

Ⓐ 豆瓣酱1/2大匙 Ⓑ 酱油少许、鸡精少许、白糖1/4茶匙、米酒1茶匙

做法

1. 卷心菜片放入沸水中汆烫一下，备用。
2. 热锅，加入2大匙食用油，放入蒜末、红辣椒片以小火爆香。
3. 锅中放入猪肉片炒至变色，接着加入豆瓣酱炒香，放入蒜苗片；最后放入卷心菜片及调料B以中火拌炒1分钟至入味即可。

炒卷心菜苗

材料

卷心菜苗300克、猪肉丝50克、葱2根、红辣椒1个、蒜末2茶匙

调料

盐1茶匙、鸡精1茶匙、米酒1大匙、水60毫升

做法

1. 卷心菜苗切成4～6瓣，放入沸水中汆烫至梗熟透后，捞出备用。
2. 葱洗净切段；红辣椒洗净切片，备用。
3. 热一锅倒入适量食用油，放入蒜末及葱段、红辣椒片爆香后，放入猪肉丝炒至变色。
4. 再加入卷心菜苗与所有调料快炒均匀即可。

蒜末炒菠菜

材料

菠菜250克、蒜末适量、洋葱丝少许

调料

盐少许、胡椒粉少许、香油1大匙、白糖1茶匙

做法

1. 菠菜洗净，切段状后泡冷水，备用。
2. 热锅，倒入2大匙食用油，加入洋葱丝与蒜末以小火爆香。
3. 锅中加入菠菜及所有调料一起以中火翻炒几下，最后上盖焖约30秒即可起锅。

葱爆香菇

材料

鲜香菇150克、葱100克

调料

盐少许、胡椒粉少许、香油1大匙、白糖1茶匙

做法

1. 鲜香菇表面划刀，洗净切块状；葱洗净切5厘米长段；所有调料混合均匀备用，备用。
2. 热锅，倒入适量食用油，放入鲜香菇煎至表面上色后取出，再放入葱段炒香后取出，备用。
3. 将混合的调料倒入锅中煮沸，再放入香菇充分炒至入味，再放入葱段炒匀即可。

芥蓝炒腊肠

材料
腊肠2条、芥蓝200克、蒜2瓣

调料
盐少许、胡椒粉少许、蚝油1茶匙、白糖1茶匙、香油1茶匙

做法
1. 腊肠切片；蒜洗净切片，备用。
2. 芥蓝老叶修剪整齐后，放入滚水中加入少许食用油一起快速汆烫过水，再捞起泡冷水备用。
3. 起一个炒锅，倒入适量食用油，先加入腊肠片与蒜片爆香，再加入芥蓝快炒，最后加入所有调料炒匀即可。

香菇炒青江菜

材料
青江菜120克、鲜香菇片2朵、猪五花肉丝30克、蒜片适量

调料
香油1茶匙、盐少许、胡椒粉少许、水100毫升

做法
1. 先将青江菜一片片剥开洗净，切成段状，再泡入冰水里面冰镇备用。
2. 起一个平底锅，倒入适量食用油，加入香菇片、猪五花肉丝和蒜片翻炒爆香，转大火，放入青江菜及所有调料一起翻炒，上盖焖20秒即可起锅。

银鱼炒苋菜

材料
银鱼50克、苋菜300克、蒜末15克、姜末5克、胡萝卜丝10克、热高汤150毫升

调料
A 盐1/4茶匙、鸡精1/4茶匙、米酒1/2大匙、白胡椒粉少许 B 香油少许、水淀粉适量

做法
1. 银鱼洗净沥干；苋菜洗净切段，放入沸水中汆烫1分钟，捞出，备用。
2. 热锅，倒入2大匙食用油，放入姜末、蒜末爆香，再放入银鱼炒香。
3. 加入苋菜段及胡萝卜丝拌炒均匀，加入热高汤、所有调料A拌匀，以水淀粉勾芡，再淋上香油即可。

丁香鱼苋菜

材料

苋菜300克、丁香鱼20克、蒜末1/2茶匙、高汤100毫升

调料

盐1/4茶匙

做法

1. 苋菜洗净摘去老梗，留适量长度切段备用。
2. 丁香鱼洗净，泡水3分钟沥干，放入油锅中炸至干脆捞出备用。
3. 热锅，加入少许食用油，放入蒜末略炒，加入高汤和苋菜段。
4. 再放入盐以小火煮至软，最后放入炸丁香鱼煮滚拌匀即可。

干煸豆角

材料

豆角350克、蒜3瓣、豆干3块、猪绞肉180克、葱1根

调料

豆瓣酱2大匙、白胡椒粉1大匙、香油1茶匙、白糖1茶匙、水50毫升

做法

1. 先将豆角去老梗、去丝，对切泡水洗净，再使用餐巾纸将水分吸干，备用。
2. 蒜洗净切细丁；豆干、葱都切条状，备用。
3. 热油锅至油温180～190℃时，放入豆角过油上色，再放入滚水中快速汆烫过水，备用。
4. 起一个炒锅，倒入适量食用油，再将所有材料、猪绞肉以大火爆香，再加入豆角及所有调料一起翻炒1分钟即可。

蚝油竹笋香菇

材料

熟竹笋1根、干香菇10朵

调料

Ⓐ 水淀粉1茶匙、高汤300毫升 Ⓑ 蚝油1大匙、盐1/4茶匙、白糖1/4茶匙、米酒1茶匙

做法

1. 将竹笋切滚刀块，放入沸水中汆烫。
2. 干香菇泡水至涨发后洗净，剪去蒂头。
3. 起一锅，放入食用油，加入竹笋块，以小火炒1分钟后，加入香菇炒2分钟。
4. 锅中加入所有调料B和高汤，加盖以小火煮10分钟，最后加水淀粉勾芡即可。

香菇炒芦笋

材料

鲜香菇3朵、芦笋300克、蒜2瓣

调料

鸡精1茶匙

做法

1. 鲜香菇洗净切片；蒜洗净切片，备用。
2. 芦笋洗净切段，放入沸水中汆烫至软化，捞起沥干即可。
3. 热锅，倒入少许食用油，爆香蒜片、香菇片。
4. 锅中加入芦笋段拌炒均匀，加鸡精调味即可。

炒白果芦笋

材料

白果100克、芦笋200克、胡萝卜30克、高汤1碗、盐少许

调料

盐1/2茶匙、姜汁1茶匙、鸡精1/4茶匙、淀粉1茶匙

做法

1. 将白果以滚水汆烫后放入锅中，加入高汤和盐，以小火煮5分钟，再关火泡10分钟沥干备用。
2. 热锅加入1大匙食用油，放入切段的芦笋、盐和姜汁，以大火略炒，再放入白果、胡萝卜丝和鸡精炒匀，最后再用水淀粉勾芡即可。

百合炒芦笋

材料

细芦笋200克、百合50克、红甜椒1/3个、蒜片2个、红辣椒片1/3个

调料

酱油1茶匙、香油1茶匙、米酒1大匙、鸡精1茶匙

做法

1. 先将芦笋切去老梗，再切成小段状后洗净备用。
2. 百合掰开洗净；红甜椒洗净去籽切条，备用。
3. 取一炒锅，加入1大匙食用油，放入蒜片和红辣椒片爆香，再加入红甜椒条、芦笋段和百合，以中火炒匀。
4. 加入所有调料，翻炒至食材入味即可。

三杯杏鲍菇

材料

杏鲍菇300克、姜50克、红辣椒2个、蒜片20克、罗勒20克

调料

三杯酱4大匙、胡麻油2大匙、米酒2大匙、水1大匙

做法

1. 杏鲍菇洗净切滚刀块状；姜洗净切片；红辣椒剖半；罗勒挑去粗茎洗净，备用。
2. 热一锅油，以大火将杏鲍菇炸至外观呈金黄色，捞起沥油。
3. 锅中加入胡麻油以小火爆香蒜片、姜片和红辣椒，放入杏鲍菇块和其余的调料，以大火煮至滚沸后，持续翻炒至汤汁略收干，再加入罗勒略拌炒即可。

干锅茶树菇

材料

茶树菇220克、干辣椒3克、蒜片10克、姜片15克、芹菜50克、蒜苗60克、水80毫升

调料

蚝油1大匙、辣豆瓣酱2大匙、白糖1大匙、米酒30毫升、水淀粉1大匙、香油1大匙

做法

1. 茶树菇洗净切去根部；芹菜洗净切小段；蒜苗洗净切片，备用。
2. 热油锅至约160℃，茶树菇下油锅炸至干香后起锅沥油备用。
3. 锅中放入少许食用油，以小火爆香姜片、蒜片、干辣椒，加入辣豆瓣酱炒香。
4. 锅中加入做法1的材料炒匀，放入蚝油、白糖、米酒及水，以大火炒至汤汁略收干，以水淀粉勾芡后洒上香油，盛入砂锅即可。

椒盐竹笋丁

材料

竹笋2根、葱1根、红辣椒1个

调料

盐少许、白胡椒粉少许、香油1大匙

做法

1. 将竹笋煮熟、去除外壳，切成滚刀块状备用。
2. 将葱切段、红辣椒洗净切片备用。
3. 将竹笋放入约190℃油锅中，炸至表面呈金黄色，捞起沥油，放凉后备用。
4. 取一容器，放入竹笋块、葱段及红辣椒片，再加入所有调料，一起搅拌均匀，加入罗勒（材料外）装饰即可。

盐鲜香菇

材料

鲜香菇200克、葱末适量、红辣椒碎适量、蒜末适量

调料

盐1/4茶匙、淀粉3大匙

做法

❶ 鲜香菇切小块后，泡水约1分钟，洗净略沥干，备用。

❷ 热油锅至约180℃，香菇撒上淀粉拍匀，放入油锅中，以大火炸约1分钟至表皮酥脆，立即起锅，沥干油份备用。

❸ 锅中留少许油，放入葱末、蒜末、红辣椒碎以小火爆香，放入香菇、盐，以大火翻炒均匀即可。

酸豆角炒肉末

材料

猪绞肉150克、酸豆角300克、蒜末10克、红辣椒圈15克

调料

盐1/4茶匙、白糖少许、鸡精少许、料酒1大匙

做法

❶ 酸豆角洗净切细丁，备用。

❷ 热锅加入蒜末和红辣椒圈爆香，放入猪绞肉拌炒至表面肉色反白。

❸ 锅中放入酸豆角丁，翻炒约1分钟后加入所有调料拌炒入味即可。

辣炒箭笋

材料

箭笋150克、猪肉丝100克、葱末少许、蒜末少许、红辣椒末少许

调料

Ⓐ 豆瓣酱1大匙、蚝油1茶匙、白糖1茶匙、水200毫升 Ⓑ 水淀粉1茶匙、香油1茶匙

做法

❶ 箭笋洗净，放入滚水中汆烫，备用。

❷ 猪肉丝加入腌料抓匀，腌渍约10分钟，备用。

❸ 热锅，加入适量食用油，放入葱末、蒜末、红辣椒末以小火炒香，再加入其余材料及所有调料A炒匀，转小火焖煮7～8分钟。

❹ 锅中加入水淀粉勾芡，起锅前加入香油拌匀即可。

醋炒莲藕片

材料

莲藕200克、姜片20克、红辣椒片少许

调料

盐1茶匙、鸡精1茶匙、白糖1茶匙、白醋1大匙、香油1茶匙

做法

❶ 莲藕洗净、切圆形薄片状，放入滚水中煮3～4分钟，再捞起沥干，备用。

❷ 热锅，加入适量食用油，放入姜片、红辣椒片爆香，再加入莲藕片及所有调料快炒均匀即可（盛盘后可另外加入少许香菜装饰）。

竹笋炒肉丝

材料

猪肉丝120克、竹笋丝50克、青椒丝10克、红辣椒丝10克、葱段10克、蒜片5克

调料

Ⓐ 盐1/2茶匙、酱油1/2茶匙、鸡精1/2茶匙、白糖1茶匙 Ⓑ 水淀粉10克

腌料

酱油适量、白胡椒粉适量、香油适量、淀粉适量

做法

❶ 将猪肉丝加入腌料拌匀，腌10分钟备用。

❷ 热锅关火，放入200毫升的冷油，加入腌肉丝过油，捞起备用。

❸ 将锅中油倒掉，留1大匙油，热锅后加入葱段、红辣椒丝、蒜片爆香，再放入竹笋丝、青椒丝、肉丝和所有调料A快炒均匀，最后加入水淀粉勾芡即可。

枸杞子炒金针菜

材料
枸杞子10克、金针菜200克、姜10克、葵花籽油1大匙

调料
盐1/4茶匙、鸡精少许

做法
1. 姜洗净切丝；枸杞子洗净泡软，备用。
2. 金针菜去蒂头洗净，放入滚水中快速汆烫后捞出，浸泡在冰水中，备用。
3. 热锅倒入葵花籽油，小火爆香姜丝，放入枸杞子、金针菜以及所有调料以中火拌炒1分钟至入味即可。

腊肠炒荷兰豆

材料
广式腊肠3条、荷兰豆150克、蒜末1/2茶匙

调料
蚝油1茶匙、盐1/8茶匙

做法
1. 广式腊肠洗净，放入蒸锅内蒸10分钟；荷兰豆去蒂洗净。
2. 将腊肠放凉切片。
3. 热一锅，放入食用油，加入蒜末和腊肠片炒1分钟，再加入荷兰豆、蚝油和盐，以大火炒1分钟即可。

蕨菜滑蛋

材料
蕨菜220克、福菜30克、蒜片1个、姜丝少许、鸡蛋1个

调料
鸡精少许、盐少许、胡椒粉少许、香油1茶匙、水50毫升

做法
1. 蕨菜洗净，切段状泡水；福菜洗净切碎备用。
2. 起一个炒锅，将蒜片和姜丝爆香，再放入蕨菜、福菜碎及调料（除鸡蛋外）一起翻炒均匀。
3. 盛盘后缓缓加入鸡蛋，即起锅，食用前拌匀即可。

香爆南瓜

材料

南瓜600克、豆豉15克、蒜末少许、水200毫升

调料

米酒15毫升、盐少许

做法

1. 南瓜洗净去籽，切块状；豆豉切碎末备用。
2. 热锅，加入适量食用油后，放入豆豉碎末和蒜末炒香，加入南瓜块后，淋入米酒，再加水焖煮至熟，最后加盐调味即可。

破布子炒龙须菜

材料

龙须菜200克、蒜片少许、红辣椒片少许、破布子2大匙

调料

盐1茶匙、白糖1/2茶匙、鸡精1/2茶匙、白醋1茶匙、黑胡椒粉适量

做法

1. 龙须菜洗净，将尾端较老部分切除，放入水里面浸泡，再将梗与叶子分开备用。
2. 起一个炒锅，倒入适量食用油，放入蒜片与红辣椒片、破布子以小火爆香，再加入龙须菜梗翻炒一下，最后加入龙须菜叶与所有的调料以中火翻炒约1分钟即可。

辣炒脆土豆

材料

土豆100克、干辣椒段10克、青椒5克、花椒2克

调料

白糖1茶匙、香油1茶匙、盐少许、胡椒粉少许

做法

1. 土豆去皮切丝；青椒去籽切丝，备用。
2. 热锅，倒入适量食用油，放入花椒爆香后，捞除花椒，再放入干辣椒段炒香。
3. 锅中放入其余材料炒匀，加入所有调料炒匀即可。

奶油烤金针菇

材料

金针菇400克，罗勒末少许

调料

奶油1大匙、盐1/4茶匙

做法

1. 金针菇洗净、切除根部，备用。
2. 取一耐烤盘，装入金针菇及调料，备用。
3. 烤箱预热180℃，放入烤约3分钟后即可取出，撒上罗勒末。

奶油烤白菜

材料

白菜300克、虾仁100克、鱿鱼100克、洋葱末50克、蒜片15克、胡萝卜片50克、芹菜末30克、奶油1大匙、牛奶240毫升、面粉100克、奶酪丝适量

调料

盐1/2茶匙、白糖1/2茶匙、白胡椒粉1/4茶匙

做法

1. 白菜洗净切块，入沸水中汆烫至软，捞起沥干；鱿鱼洗净去除内脏切成段状；虾仁挑去泥肠，放入沸水中汆烫至熟捞起，备用。
2. 热锅，放入奶油溶化后，放入洋葱末、牛奶及所有调料拌匀，加入其余材料（除奶酪丝、面粉外）煮至沸腾，加入面粉拌匀。
3. 放入烤盘中，撒上奶酪丝，放入烤箱中以上火250℃烤至奶酪溶化、表面金黄即可。

铁板豆腐

材料

板豆腐2块、猪肉片30克、荷兰豆6条、玉米笋3根、胡萝卜片20克、秀珍菇6朵、蒜末1/2茶匙、姜末1/2茶匙、高汤150毫升

调料

蚝油2大匙、鸡精1/2茶匙、白糖1/2茶匙、盐1/8茶匙、水淀粉2茶匙

做法

1. 豆腐切正方块，放入油锅中炸至金黄，泡入高汤内备用。
2. 玉米笋洗净切斜刀片，分别与胡萝卜片、秀珍菇放入滚水中，汆烫后捞起冲凉水备用。
3. 猪肉片加入少许盐及淀粉（材料外）拌匀备用。
4. 热锅，放入少许食用油，加入蒜末、姜末以小火略炒，再加入猪肉片炒至变白。
5. 加入炸豆腐和所有调料，再加入所有材料，以中火煮约2分钟至滚后用水淀粉勾芡，起锅盛入烧热的铁板内即可。

鸡肉豆腐

材料

冻豆腐300克、去骨鸡腿肉1只、葱2根、姜10克、红辣椒1个、高汤200毫升

调料

酱油1茶匙、蚝油1/2大匙、冰白糖1茶匙、鸡精1/2茶匙、水淀粉适量、香油少许

腌料

淀粉1茶匙、盐少许、米酒1大匙

做法

1. 鸡腿肉切小块，与腌料拌匀腌至入味，放入热油锅中迅速过油捞起备用；葱分葱白和葱尾，切粒；冻豆腐切小块；姜切末；红辣椒切圈。
2. 热锅，倒入2大匙食用油烧热，将葱白、姜末、红辣椒圈以中火爆香，再放入冻豆腐略微拌炒后，倒入高汤和所有调料、鸡腿肉块拌炒至汤汁稍微收干时，放入葱尾，以水淀粉勾芡，淋上香油即可。

家常豆腐

材料

板豆腐2块、猪绞肉50克、毛豆仁1大匙、黑木耳片30克、胡萝卜片20克、蒜末1/4茶匙、姜末1/4茶匙、高汤150毫升

调料

辣椒酱1.5茶匙、酱油1茶匙、白糖1/2茶匙、水淀粉2茶匙

做法

1. 板豆腐切长方块，放入热油中炸至金黄，捞出泡入高汤备用。
2. 将毛豆仁、黑木耳片、胡萝卜片放入滚水汆烫，捞出过凉水备用。
3. 热锅，加入1大匙食用油，放入蒜末、姜末、辣椒酱以小火略炒，再倒入炸豆腐块炒1分钟。
4. 再加入酱油、白糖和其余材料以中火煮2分钟至滚，最后再加入水淀粉勾芡即可。

酥炸豆腐

材料

板豆腐3块、面粉1杯、葱2根、姜1小段、红辣椒1个、蒜6瓣、罗勒叶1小把

调料

酱油膏3大匙、香油1茶匙、米酒3大匙、水淀粉少许

做法

1. 板豆腐切成块状，表面沾上面粉；葱洗净切段；姜、红辣椒洗净切片；蒜、罗勒叶洗净备用。
2. 起锅，倒入半锅油，烧热至油温约190℃时，加入豆腐炸至外观金黄色，捞起沥油盛盘。
3. 另起锅，加入少许食用油烧热，放入葱段、姜片、红辣椒片和蒜以中火慢慢爆香，再加入所有的调料拌炒，待汤汁呈浓稠状时，淋至豆腐上，用罗勒叶装饰即可。

什锦烩豆腐

材料

蛋豆腐1盒、鲜香菇丝1朵、熟竹笋丝25克、金针菇30克、黑木耳丝25克、红甜椒丝25克、水150毫升

调料

蚝油1大匙、盐少许、白糖少许、白醋少许、水淀粉适量

做法

1. 蛋豆腐切块，备用。
2. 热锅，加入少许食用油，放入鲜香菇丝爆香，再加入熟竹笋丝、金针菇、黑木耳丝、红甜椒丝拌炒。
3. 加入调料炒匀，再放入蛋豆腐块煮至入味，起锅前以水淀粉勾芡拌匀即可（盛盘后可另放上葱丝、茼蒿叶装饰）。

日式炸豆腐

材料

蛋豆腐2块、低筋面粉适量、蛋液适量、柴鱼片适量

做法

1. 蛋豆腐切四方块状，依序沾裹上低筋面粉、蛋液、柴鱼片，备用。
2. 热锅，倒入适量的食用油，待油温热至约130℃，放入沾裹好的豆腐，以中小火油炸，待豆腐炸至呈金黄色即可。

罗汉豆腐

材料

蛋豆腐1盒、荷兰豆50克、金针5克、鲜香菇丝1朵、胡萝卜丝10克、黑木耳丝20克、姜丝5克

调料

Ⓐ 香菇高汤200毫升、盐1/6茶匙、白糖1/2茶匙

Ⓑ 水淀粉1大匙、香油1大匙

做法

1. 荷兰豆洗净去粗丝；金针泡开水3分钟后沥干，备用。
2. 蛋豆腐切厚片，放入滚水中汆烫约10秒钟后取出。
3. 锅烧热，倒入少许食用油，以小火炒香姜丝，加入除豆腐外的材料略炒。
4. 加入调料A及蛋豆腐片炒匀，加入水淀粉勾芡，最后再加入香油即可。

脆皮豆腐

材料

板豆腐2块、姜末1茶匙、蒜泥1/2茶匙

调料

酱油膏2大匙、鸡精1/4茶匙、白糖1茶匙、香油1茶匙、凉开水2大匙、红辣椒末1/4茶匙

做法

1. 板豆腐洗净切块。
2. 将豆腐块放入500毫升的滚水中，再加入1/2茶匙盐（材料外）拌匀，泡水8分钟后沥干。
3. 将泡水豆腐放入约180℃的热油中，以大火炸至金黄，捞出沥油盛盘，食用时再搭配姜末、蒜泥和调料混合的酱料即可。

鱼香脆皮豆腐

材料

板豆腐500克、猪绞肉30克、蒜末5克、姜末5克、葱花10克

调料

鱼香酱3大匙（做法见本书156页）、水1大匙、水淀粉1茶匙、香油1/2茶匙

做法

1. 板豆腐洗净切成约3厘米立方小块。
2. 热锅，倒入约2碗食用油，待油烧热至约180℃，将豆腐块放入炸至外观呈金黄酥脆状，捞起沥油。
3. 另取锅，倒入1大匙食用油，以小火爆香蒜末和姜末，放入猪绞肉炒至肉变白散开，加入鱼香酱和水翻炒。
4. 放入豆腐块，以小火煮约1分钟后，用水淀粉勾芡，起锅前撒上葱花和香油即可。

罗勒煎蛋

材料

鸡蛋3个、罗勒20克

调料

盐1茶匙、白胡椒粉适量

做法

1. 鸡蛋打散成蛋液；罗勒摘取叶片部分，洗净备用。
2. 将罗勒叶拌入蛋液中，再加入所有调料拌匀。
3. 热锅，倒入适量的食用油，倒入蛋液以中小火煎至底部上色，再翻面煎至上色即可，切块食用。

鱼香烘蛋

材料

鸡蛋4个、猪绞肉100克、蒜末少许、葱末少许、红辣椒丁少许

调料

Ⓐ 辣豆瓣酱1.5大匙、淀粉少许、水淀粉少许、高汤100毫升 Ⓑ 白糖1/2茶匙、酱油1/2大匙、白醋1大匙

做法

1. 鸡蛋加入淀粉打散成蛋液备用。
2. 热锅，倒入3大匙食用油，倒入蛋液搅拌数下，以小火烘至定形，翻面再烘至两面呈金黄色，取出盛盘备用。
3. 另热一锅，倒入2大匙食用油，放入蒜末、葱末、红辣椒丁爆香，再放入猪绞肉炒散。
4. 再加入辣豆瓣酱炒香后，加入高汤、调料B拌匀，再加入水淀粉勾芡成酱汁，淋在烘蛋上即可。

菜脯煎蛋

材料

菜脯60克、鸡蛋3个、蒜末1/2茶匙、葱末1茶匙

调料

鸡精1/2茶匙、白胡椒粉1/2茶匙

做法

1. 菜脯切碎洗去咸味，挤干水分备用。
2. 在干锅中加入菜脯碎和蒜末，以小火炒3分钟盛出备用。
3. 将鸡蛋打散，加入菜脯碎、葱末和所有调料拌匀。
4. 热锅，加入2大匙食用油，倒入菜脯蛋液，以筷子搅拌尽量让蛋液集中，煎至两面金黄即可。

宫保皮蛋

材料

皮蛋2个、干辣椒段10克、蒜片20克、葱段30克、蒜味花生45克

调料

酱油1大匙、白糖1茶匙、白醋1茶匙、香油1大匙、水3大匙、料酒1茶匙、水淀粉1茶匙

做法

1. 皮蛋放入电饭锅中，于外锅加入1/2杯水，蒸至开关跳起后取出，剥去蛋壳切4瓣，均匀沾裹上淀粉（材料外），备用。
2. 热锅，倒入适量的食用油，待油温热至约140℃，放入皮蛋以中大火炸至表面呈金黄色，捞起沥油。
3. 锅中留少许油，放入蒜片、葱段、干辣椒段以中小火爆香，再放入皮蛋与所有调料，转中火拌炒，起锅前加入蒜味花生拌匀即可。

番茄炒蛋

材料

番茄80克、鸡蛋5个、葱2根

调料

盐1茶匙、番茄酱1大匙、鸡精1/2茶匙、白糖1茶匙

做法

1. 鸡蛋打入碗中搅散，倒入热油锅中，开中小火炒熟，盛出沥干油，备用。
2. 番茄洗净，去蒂切丁；葱洗净切成葱花，备用。
3. 热锅，倒入适量食用油烧热，放入番茄丁、葱花开中小火炒出香味，加入所有调料拌炒均匀，最后加入炒蛋，转中火略翻炒即可。

素烧烤麸

材料

烤麸6块、姜末1/2茶匙、胡萝卜片30片、甜豆荚8条、黑木耳片少许、水100毫升

调料

素蚝油1大匙、盐1/4茶匙、白糖1/2茶匙、香油2茶匙

做法

1. 先将烤麸以手撕成小块状，再以中油温（160℃）炸至表面呈现金黄色。
2. 将炸过的烤麸块放入滚水中，煮约30秒去掉油分捞出。
3. 取一炒锅，于锅内加少许食用油，先放入姜末爆香，再加入胡萝卜片、甜豆荚、黑木耳片、水、烤麸块及调料拌炒均匀，以小火烧至水分收干即可。

醋熘虾仁油条

材料

虾仁100克、葱花20克、姜末10克、青椒片40克、油条1条

调料

Ⓐ 盐1/4茶匙、白糖1/4茶匙、香油1茶匙、白胡椒粉1/4茶匙、淀粉1大匙 Ⓑ 糖醋汁100毫升、水淀粉1茶匙、香油1大匙

做法

1. 虾仁挑去泥肠、洗净、沥干水分，用刀背拍成泥，加入葱花、姜末和混合拌匀的调料A搅拌均匀，成虾浆备用。
2. 油条切成长约5厘米段状，将虾浆塞入油条中备用。
3. 热锅，倒入约2碗食用油，油烧热至约150℃，将油条放入，以中火炸约2分钟至外观呈金黄色，捞起沥油。
4. 另取锅，倒入少许食用油，以大火炒香青椒片，倒入白糖醋汁煮滚后，用水淀粉勾芡，放入油条快速翻炒均匀，淋上香油即可。

豆皮蔬菜卷

材料

豆皮2张、绿豆芽10克、胡萝卜5克、小黄瓜5克、洋葱5克、面粉适量、水少许

调料

盐少许、鸡精少许、白胡椒粉少许、香油1茶匙

做法

1. 绿豆芽、胡萝卜、小黄瓜及洋葱洗净，切成大小差不多的丝状，加入所有调料混合均匀备用。
2. 豆皮切3等份三角形；面粉加少许水调成面糊，备用。
3. 取一张豆皮，放上适量蔬菜丝，卷成条状，以面糊封口备用。
4. 热锅，倒入适量食用油，待油温热至120℃，放入豆皮卷，炸至表面金黄酥脆即可。

蚂蚁上树

材料

猪绞肉100克、粉丝2捆、蒜30克、芹菜10克、葱花20克、胡萝卜丁10克、水400毫升

调料

辣椒酱1大匙、酱油1大匙、料酒1大匙、白糖1茶匙

做法

1. 粉丝洗净，泡冷水至软；蒜洗净切末；芹菜洗净切末，备用。
2. 热锅，放入少许食用油，放入猪绞肉以中火拌炒至肉色变白，加入葱花、蒜末、胡萝卜丁拌炒均匀后，再放入所有调料煮匀。
3. 将粉丝加入锅中，拌炒至水分略干，再撒入芹菜末即可。

丁香鱼花生

材料

丁香鱼50克、葱5克、蒜5克、红辣椒5克、蒜味花生10克

调料

白胡椒粉适量

做法

1. 丁香鱼洗净后放入沸水中汆烫，捞起沥干备用。
2. 葱洗净切末；蒜洗净切末；红辣椒洗净切圈，备用。
3. 热锅倒入少许食用油，放入做法2的材料以中小火爆香，再加入丁香鱼与蒜味花生、白胡椒粉，转中大火一起拌炒至干香即可。

丁香鱼炒山苏

材料

山苏150克、丁香鱼30克、葱段少许、蒜片少许、红辣椒圈少许

调料

黄豆酱1大匙、白糖1茶匙、米酒1茶匙、香油1茶匙

做法

1. 山苏洗净、去根部，再放入滚水中汆烫，备用。
2. 热锅，加入适量食用油，放入葱段、蒜片、红辣椒圈炒香，再加入洗净的丁香鱼及所有调料炒匀，最后加入山苏炒至翠绿即可。

辣拌干丝

材料

白干丝300克、胡萝卜丝50克、芹菜50克

调料

盐5克、味精5克、辣椒粉50克、花椒粉5克

做法

1. 白干丝洗净切略短；芹菜去叶片洗净切段，备用。
2. 辣椒粉、盐与味精拌匀，冲入烧热至约150℃的油，并迅速搅拌均匀，再加入花椒粉拌匀即成辣油汁。
3. 将胡萝卜丝一起放入沸水中汆烫约5秒，取出冲冷开水至凉备用。
4. 干丝、胡萝卜丝及芹菜中加入2大匙辣油汁拌匀即可。

PART 2

餐厅料理真功夫

蒸煮炖卤

无论是卤肉、猪蹄或是鲜鱼，事先细心处理食材，烹饪过程中耐心处理步骤，方能造就一道道色泽漂亮、吃起来又入味的餐厅料理。蒸时要注意时间以及食材的成熟度；煮时勾芡或汆烫也是料理的关键。简单中的不简单，往往是菜品成败的关键！

东坡肉

材料

五花肉900克、青江菜适量、葱2根、蒜6瓣、姜1块、草绳7条、水1400毫升

调料

冰糖3大匙、酱油200毫升、绍兴酒240毫升、甘草2片、桂皮5克、月桂叶3片、八角1粒

做法

1. 葱洗净对切；姜洗净切片；蒜洗净剥皮；青江菜洗净汆熟，放入冷开水中略泡；草绳烫软。
2. 五花肉洗净沥干，入盘后放冰箱冷冻约30分钟，切成5厘米方块，用草绳绑好，入沸水中汆烫后捞起备用。
3. 热锅，加油爆香蒜，再放入葱、姜片及所有中药材炒香，取出备用。
4. 重新热锅，放入冰糖炒至上色，加1400毫升水煮滚备用。
5. 取一砂锅，放入五花肉块，倒入酱汁、绍兴酒以中大火煮滚后，盖上锅盖，转小火煮约2小时，以青江菜装饰即可。

卤狮子头

材料

猪绞肉500克、荸荠80克、姜30克、葱白少许、水50毫升、鸡蛋1个、大白菜适量

调料

绍兴酒1茶匙、盐1茶匙、酱油1茶匙、白糖1大匙、淀粉2茶匙

卤汁

姜片3片、葱1根、水500毫升、酱油3大匙、白糖1茶匙、绍兴酒2大匙

做法

1. 荸荠去皮切末；姜去皮切末；葱白切段，加水打成汁后过滤渣备用。
2. 猪绞肉与盐混合，摔打搅拌呈胶黏状，依次加入荸荠末、姜末、葱汁、剩余调料和蛋液，搅拌摔打，加入淀粉拌匀，制成肉丸状。
3. 备锅热油，手沾取水淀粉再均匀地裹上肉丸，将肉丸放入油锅中炸至表面呈金黄后捞出。
4. 取一锅放入卤汁、肉丸，小火炖煮2小时；大白菜放入滚水中汆烫，捞起沥干，放入锅中即可。

冰糖卤肉

材料

五花肉400克、葱30克、姜20克、青江菜200克

调料

A 水1000毫升、酱油100毫升、冰白糖3大匙、绍兴酒2大匙 B 水淀粉1大匙、香油1茶匙

做法

1. 五花肉洗净，放入滚水中汆烫约2分钟，捞出沥干水分；青江菜洗净对切；葱洗净切段；姜洗净拍松备用。
2. 取锅，将葱段和姜放在锅底，放入五花肉，加入所有调料A以大火煮至滚沸，改转小火炖煮约1小时，待汤汁略收干后关火，挑除葱段和姜。
3. 倒入碗中，放入蒸笼蒸约1小时后关火备用。
4. 将青江菜烫熟后铺在盘底，放上蒸好的五花肉；另将碗中的汤汁煮至滚沸后以水淀粉勾芡，加入香油调匀后淋至五花肉上即可。

番薯蒸排骨

材料

猪排骨300克、蒜末20克、姜末10克、番薯150克、香菜适量

调料

A 酒酿1大匙、甜面酱1大匙、酱油2茶匙、白糖1茶匙 B 蒸肉粉3大匙、香油1大匙

做法

1. 猪排骨洗净后沥干；番薯去皮切小块。
2. 热一油锅至约150℃，将番薯块以小火炸至表面金黄后，取出沥干油备用。
3. 将猪排骨及姜末、蒜末与调料A一起拌匀后，腌渍约5分钟。
4. 加入蒸肉粉及香油拌匀。
5. 番薯放置盘上垫底，铺上猪排骨。
6. 放入蒸笼里，以大火蒸约20分钟后取出，以香菜装饰即可。

芋头排骨煲

材料

猪排骨400克、芋头300克、姜片20克、葱段适量

调料

Ⓐ盐1茶匙、鸡精1/2茶匙 Ⓑ水500毫升、椰浆半罐

腌料

淀粉1茶匙

做法

1. 将猪排骨洗净剁四方小块，拌入1茶匙淀粉；芋头洗净去皮，切滚刀块。
2. 起一油锅，将芋头块放入，炸至金黄脆皮后捞起沥干油。
3. 油锅中放入猪排骨块，炸至表面干即可。
4. 另起一锅，放猪排骨块，加入水和姜片，以小火煮20分钟，再加入所有调料A和芋头，再煮5分钟，最后加入椰浆煮滚，撒上葱段即可。

蒜香蒸排骨

材料

猪排骨300克、小苏打粉1茶匙、蒜30克、淀粉1大匙、葱花少许

调料

盐1茶匙、白糖2茶匙、酱油1/4茶匙、胡椒粉1/4茶匙

做法

1. 猪排骨剁成小块放入容器中，加水没过猪排骨表面，拌入小苏打粉泡2小时。
2. 将猪排骨块冲水1小时后沥干。
3. 蒜洗净切碎，加入2大匙食用油以小火炸至金黄后，滤出成蒜酥备用。
4. 将猪排骨与调料、淀粉用筷子不断混合搅拌约3分钟。
5. 加入一半蒜酥及蒜油轻拌匀。
6. 放入锅内，以中火蒸约10分钟后取出，撒上另外一半蒜酥和葱花即可。

荷叶蒸排骨

材料

猪排骨300克、荷叶1张、酸菜150克、葱花适量、红辣椒1个、蒸肉粉1包（小）

调料

白糖1茶匙、酱油1大匙、料酒1大匙、香油1茶匙

做法

1. 猪排骨以水冲泡约30分钟；荷叶洗净，放入沸水中烫软后捞出，再用菜瓜布刷洗干净后擦干，备用。
2. 取出猪排骨，加入所有调料及蒸肉粉拌匀，腌约5分钟。
3. 酸菜洗净，浸泡冷水约10分钟后切丝；红辣椒洗净切圈，备用。
4. 将荷叶铺平，放入一半猪排骨后，放上酸菜丝，再放上剩余的猪排骨，将荷叶包好后，放入蒸笼蒸约25分钟取出，撒上葱花及红辣椒圈即可。

无锡排骨

材料

猪排骨段500克、葱段20克、姜片25克、青江菜段300克、红曲1/2茶匙

调料

Ⓐ 酱油100毫升、白糖4大匙、绍兴酒100毫升、桂皮10克、八角4粒、水600毫升 Ⓑ 水淀粉1大匙、香油1茶匙

做法

1. 猪排骨段用开水汆烫后洗净沥干备用。
2. 热锅下食用油，以小火爆香葱段和姜片，加入所有调料A、红曲和猪排骨，煮滚后转小火并盖上锅盖，煮约30分钟至水收干。
3. 将青江菜烫熟后铺在盘底，并将猪排骨块排放至盘中。
4. 将锅中剩余的汤汁煮开，用水淀粉勾芡，洒上香油后淋至盘上即可。

葱烧猪腩排

材料

猪腩排500克（五花排）、葱15根、水500毫升

调料

酱油4大匙、白糖4大匙、绍兴酒3大匙

做法

1. 猪腩排洗净剁成4厘米长条状；葱洗净切3段，备用。
2. 将猪腩排块泡水30分钟，再放入滚水中汆烫去除血水脏污。
3. 取一锅，锅内倒入少许食用油，将葱段炒至略焦后放入猪腩排块、水和调料，以小火慢烧约1小时后盛盘，再放上适量汆烫过的西蓝花（材料外）即可。

香卤猪蹄膀

材料

猪蹄膀1个、青江菜3棵、姜块30克、葱段少许、卤包1个、水800毫升

调料

酱油150毫升、白糖3大匙、绍兴酒5大匙

做法

1. 先将猪蹄膀洗净，放入滚水中汆烫去除血水脏污，再涂少许酱油放凉。
2. 将猪蹄膀放入锅中，以中油温（160℃）炸至上色。
3. 取一锅，将姜块、葱段、水、卤包和调料放入锅中煮至滚，再将炸过的蹄膀放入，以小火煮约1.5小时后取出装盘。
4. 将青江菜放入滚水中汆烫，再放至盘边装饰，最后淋上卤汁即可。

花生卤猪蹄

材料

猪蹄550克、鲜花生100克、姜片8克、葱段少许、水700毫升

调料

卤味包1/2包、酱油60毫升

做法

1. 将猪蹄去毛，再切成小圈状备用。
2. 将鲜花生洗净后，放入冷水中泡约1小时。
3. 取一个汤锅，加入1大匙食用油烧热，再加入姜片与葱段，以中火爆香，加入所有调料和其余材料，以中火煮开。
4. 盖上锅盖，以中火焖煮约40分钟即可。

梅菜扣肉

材料

Ⓐ 五花肉500克、梅菜干250克、香菜少许 Ⓑ 蒜末5克、姜末5克、红辣椒末5克

卤汁

Ⓐ 鸡精1/2茶匙、白糖1茶匙、米酒2大匙 Ⓑ 酱油2大匙

做法

1. 梅菜干用水泡约5分钟后，洗净切小段备用。
2. 热锅，加入2大匙食用油，爆香材料B，再放入梅菜干段翻炒，并加入调料A拌炒均匀，取出备用。
3. 五花肉洗净，放入沸水中汆烫约20分钟，取出待凉后切片，再加酱油拌匀腌约5分钟。
4. 热锅，加入2大匙食用油，将五花肉片炒香备用。
5. 取一扣碗，铺上保鲜膜，排入五花肉片，上面再放上梅菜干，并压紧。
6. 将扣碗放入蒸笼中，蒸约2小时后取出倒扣于盘中，最后加入少许香菜即可。

腐乳肉

材料

五花肉块200克、西蓝花80克、姜片20克、葱1根

调料

料酒2大匙、酱油1茶匙、白糖2茶匙、鸡精1/4茶匙、红腐乳1块、红曲1大匙、八角3粒、桂皮少许、水500毫升

做法

1. 红腐乳压烂；红曲冲入1/2碗滚水，泡约30分钟后过滤去渣，备用。
2. 五花肉块放入滚水中汆烫，捞起沥干后放入汤锅内，备用。
3. 加入八角、桂皮、姜片、葱段、所有调料、500毫升水及其余材料，煮滚后转小火慢煮约1小时至入味。
4. 挑除八角、桂皮、姜片、葱段后，将煮好的五花肉盛盘，再用烫熟的西蓝花围边即可。

梅汁肉排

材料

猪里脊肉250克、葱段少许、姜片50克

调料

梅汁酱3大匙

腌料

酱油1/4茶匙、白胡椒粉1/4茶匙、香油1/4茶匙、米酒1/4茶匙、淀粉1茶匙

做法

1. 猪里脊肉洗净，切成片，加入腌料腌约10分钟后放入蒸盘中，再放上葱段、姜片，淋上调料。
2. 锅中加水，放上蒸架，将水煮至滚，将蒸盘放在蒸架上，盖上锅盖以大火蒸约12分钟即可。

烹饪小秘方

梅汁酱

材料

话梅10颗、姜末30克、米酒100毫升

做法

全部混合煮沸即可。

芋头扣肉

材料

五花肉300克、芋头230克、姜末10克、蒜末10克、红辣椒末10克

调料

Ⓐ 酱油2大匙、米酒2茶匙 Ⓑ 红腐乳1大匙、白糖2茶匙、水150毫升 Ⓒ 水淀粉1/2大匙、香油1茶匙

做法

1. 五花肉洗净，放入电饭锅，盖上锅盖，按下开关，蒸至开关跳起，取出放凉备用。
2. 五花肉切片状，入姜末、蒜末及调料A拌匀，腌渍约5分钟；芋头去皮切片备用。
3. 五花肉、芋头一片叠一片放至碗中。
4. 调料B拌匀成酱汁，淋至食材上，放入电饭锅，蒸至开关跳起，取出食材倒扣至盘上（留下汤汁备用），以汆烫后的西蓝花及红辣椒末装饰。
5. 另取锅加入5大匙汤汁，煮滚后勾芡，洒上香油，淋至食材上即可。

卤猪大肠

材料

猪大肠450克、葱40克、姜20克、红辣椒10克、水1200毫升

调料

盐2大匙、酱油1大匙、料酒4大匙、冰白糖2大匙、八角适量、丁香适量、甘草适量、小茴香适量

做法

1. 猪大肠以少许盐（分量外）洗净后，放入有葱、姜、料酒（分量外）的滚水中汆烫，备用。
2. 热锅，倒入少许食用油，放入葱、姜、红辣椒以中大火炒香，再放入所有调料拌匀，待煮滚后放入猪大肠，转中小火卤约40分钟，捞出切段。

咸蛋蒸肉饼

材料

猪绞肉300克、咸蛋2个、蒜末10克、葱末10克、葱花（或香菜）适量

调料

蚝油1大匙、米酒2大匙、白糖1/4茶匙、鸡精1/4茶匙

做法

1. 咸蛋去壳后，留一个蛋黄不切，其余的蛋清跟蛋黄切碎备用。
2. 将猪绞肉、咸蛋碎、蒜末、葱末及所有调料混合拌匀备用。
3. 将肉馅填入碗中，再将保留的完整蛋黄放在上面，放入蒸笼内蒸约30分钟后，取出撒上葱花或香菜即可。

红烧丸子

材料

猪绞肉300克、姜末10克、葱末10克、鸡蛋1个、大白菜300克、胡萝卜片20克

调料

Ⓐ 盐1/4茶匙、白糖5克、酱油10毫升、米酒10毫升、白胡椒粉1/2茶匙、淀粉1大匙、香油1茶匙

Ⓑ 酱油3大匙、高汤100毫升、白糖1/2茶匙、水淀粉1大匙、香油1茶匙

做法

1. 大白菜洗净，撕小片汆烫至软，捞出沥干备用。
2. 猪绞肉加盐拌至略有黏性，加入白糖、淀粉、酱油、米酒、白胡椒粉及蛋液拌匀，再加葱、姜、1小匙香油，拌匀后捏成小圆球。
3. 热锅，倒入约400毫升食用油烧热，放入肉丸以小火炸约4分钟至熟，捞出沥干。
4. 将油倒出，剩部分余油继续烧热，放入酱油、高汤、白糖、大白菜、肉丸和胡萝卜片以大火煮开，转中火煮约1分钟，再勾芡并淋入1小匙香油即可。

陈皮肉丸

材料

猪绞肉300克、葱10克、姜10克、去皮荸荠5个、陈皮10克、胡萝卜20克、毛豆仁15克、水100毫升

调料

Ⓐ 酱油1大匙、料酒1茶匙、白胡椒粉1茶匙、香油1大匙、淀粉1大匙 Ⓑ 盐少许、白糖少许、水淀粉少许

做法

1. 葱、姜、荸荠均洗净切末；陈皮切末；胡萝卜洗净切圆形片，备用。
2. 将葱末、姜末、荸荠末、陈皮末及所有调料A放入猪绞肉中抓匀，抛打捏成球形，重复此做法至猪绞肉用完。
3. 取胡萝卜片铺在盘底，放上绞肉丸，入蒸笼里以中火蒸约10分钟至熟猪，取出。
4. 将毛豆仁切碎放入锅中，加入盐、白糖及水，开中火煮滚后放入水淀粉勾芡，再淋至肉丸上即可。

客家封肉

材料

猪五花肉1块（约15厘米正方形）、蒜5瓣

调料

酱油1杯、料酒1杯、冰糖少许

做法

1. 将猪五花肉表面的细毛去除，再用菜刀将猪皮刮净，最后清洗一下备用。
2. 将五花肉下方翻转过来，用刀划十字形，至肉的一半处不切断，再将切过的那一面朝下，放入深皿中，并放入调料。
3. 起油锅，将蒜稍微爆香后，也放入深皿。
4. 用锅烧开水，放上蒸架后，摆入深皿，盖上锅盖，转小火蒸4～5小时即可。

蚝油猪大肠

材料

猪大肠2条、竹笋块适量、蒜末1大匙、姜末1/2茶匙、葱末1茶匙

调料

沙茶酱1大匙、蚝油3大匙、红辣椒末1/2茶匙

做法

1. 猪大肠洗净后，放入滚水中汆烫，捞起、切圈备用。
2. 将所有调料混合均匀后，加入猪大肠及竹笋块一起搅拌均匀。
3. 取一电饭锅，外锅加约2.5杯水，放入材料，盖上锅盖，按下开关，蒸至猪大肠软化，取出后以香菜（材料外）装饰即可。

五更肠旺

材料

鸭血1块、熟猪大肠1条、酸菜30克、蒜苗1根、姜5克、蒜2瓣

调料

辣椒酱2大匙、高汤200毫升、白糖1/2茶匙、白醋1茶匙、香油1茶匙、水淀粉1茶匙、花椒1/2茶匙

做法

1. 鸭血洗净切菱形块，熟猪大肠切斜段，酸菜切片，一起汆烫后沥干水分备用。
2. 蒜苗洗净切段；姜和蒜洗净切片，备用。
3. 热锅，倒入2大匙食用油，以小火爆香姜片、蒜片，加入辣椒酱及花椒，以小火拌炒至油变红、炒出香味后倒入高汤。
4. 待高汤煮至滚沸，加入鸭血块、熟猪大肠段、酸菜、白糖以及白醋，转小火滚约1分钟后用水淀粉勾芡，淋上香油并摆入蒜苗段即可。

蒜蓉白肉

材料
五花肉300克

调料
蒜蓉酱适量

做法
1. 首先将五花肉洗净，放入锅中加入冷水再盖上锅盖，以中火煮开，煮10分钟，再关火焖30分钟捞起备用。
2. 将煮好的五花肉切成薄片状，再依序排入盘中。
3. 最后将蒜蓉酱均匀淋入切好的五花肉上即可。

烹饪小秘方

蒜蓉酱

材料
蒜碎适量、葱末少许、香菜末少许、酱油膏3大匙、米酒1大匙、白糖1茶匙、白胡椒粉1茶匙

做法
将全部材料搅拌均匀即可。

云白肉

材料
猪里脊肉1块、姜片30克、葱段少许、蒜泥1茶匙、红辣椒末1/2茶匙、姜泥1/2茶匙、葱末1/2茶匙

调料
酱油2大匙、白糖1茶匙、肉汤2大匙、香油1茶匙

做法
1. 煮一锅水至滚，加入姜片、葱段后放入里脊肉，以小火煮约25分钟熄火，再加盖焖20分钟。
2. 将里脊肉取出，放入冰水中冰镇约15分钟，再捞出沥干。
3. 蒜泥、红辣椒末、姜泥、葱末与调料混合拌匀，即为酱汁备用。
4. 将里脊肉切成薄片排盘，淋上酱汁即可。

备注：肉汤即煮完里脊肉后的汤汁。

云南大薄片

材料

猪头皮300克、姜片4片、葱段20克、洋葱丝适量、香菜适量、花生碎适量、红辣椒末适量

调料

鱼露1大匙、白糖1大匙、柠檬汁2大匙、冷开水1大匙

做法

1. 将所有调料混合搅拌均匀，即为酸辣汁备用。
2. 猪头皮洗净放入沸水中略汆烫5分钟，捞出冲水并刷洗干净。
3. 取锅加水，放入猪头皮、姜片和葱段煮约30分钟，捞出冲水待凉，再放入冰箱中冷冻约30分钟后，取出切薄片备用。
4. 洋葱丝泡入冰水中；香菜洗净切小段备用。
5. 将大薄片摆入盘中，再放入洋葱丝、红辣椒末，淋上酸辣汁，并撒上香菜段和花生碎即可。

备注：冷冻的用意是使猪头皮变硬，较方便切薄片。

酱烧猪腱子

材料

猪腱子600克、葱段10克、红辣椒10克、水800毫升

调料

豆瓣酱1大匙、酱油4大匙、料酒2大匙、白糖1大匙

做法

1. 先将猪腱子洗净备用。
2. 取一锅，加入1大匙食用油烧热，放入葱段、红辣椒先爆香，再放入调料、水和猪腱子，烧煮至入味。
3. 待凉后取出装入保鲜盒中，放入冰箱冷藏约1天，食用前再切片即可。

客家咸猪肉

材料

五花肉1800克、蒜苗1根

蘸料

蒜末2大匙、白醋1大匙

腌料

八角1粒、蒜（切末）10瓣、白胡椒粉1大匙、花椒粒2大匙、甘草粉1/4大匙、百草粉1茶匙、五香粉1大匙、盐5大匙、白糖1/2杯、味精1大匙、酱油1/2杯、米酒1/2杯

做法

1. 将五花肉洗净后，切约3厘米厚的条状，放入全部腌料中腌约3天。
2. 将五花肉取出，用清水将腌料洗掉后，蒸约半小时。
3. 起油锅，将五花肉放入锅中，煎至表面呈金黄色（或可用烤箱烤）。
4. 将蒜苗洗净切斜片垫底，再将五花肉切片后，排于盘上，所有蘸料调匀，即可蘸食。

港式叉烧

材料

梅花肉400克、姜片30克、蒜2瓣、香菜根4根、红葱头30克、葱1根

调料

甜面酱1大匙、盐1茶匙、白糖3大匙、米酒3大匙、芝麻酱1茶匙、酱油1茶匙

做法

1. 将梅花肉切成约3厘米厚的块状后，冲水15分钟沥干。
2. 取姜片、蒜、红葱头、葱洗净切段，再加入香菜根及调料，抓匀成腌汁备用。
3. 将梅花肉块加入腌汁中拌匀，静置2小时后取出。
4. 最后将腌好的梅花肉块放入烤箱，以180℃烤20分钟，再取出切片即可。

花雕鸡

材料

土鸡1/2只、红葱头片适量、蒜片适量、干辣椒段少许、芹菜段30克、洋葱块30克、黑木耳片50克、葱段30克

调料

Ⓐ 辣豆瓣酱1大匙、花雕酒3大匙、蚝油1大匙、芝麻酱1/2茶匙、白糖1茶匙、鸡精1茶匙、水1碗 Ⓑ 花雕酒1大匙

腌料

花雕酒3大匙、酱油2茶匙、盐1/4茶匙、白糖1/4茶匙、淀粉1茶匙

做法

1. 土鸡洗净剁小块，加入腌料拌匀，腌渍1小时。
2. 热锅，放2大匙食用油，将鸡块煎至两面金黄。
3. 锅中放入蒜、红葱头、干辣椒段、洋葱块以小火炸至金黄，再加入鸡块及所有调料A炒匀，转小火后盖上锅盖焖煮约15分钟。
4. 加芹菜段、黑木耳、葱段拌炒1分钟，再淋入调料B炒匀后，盛入小锅中即可。

黄酒鸡

材料

土鸡1只、五花肉400克、葱1根、姜片50克、葱段适量、水300毫升

调料

黄酒300毫升、酱油5大匙、白糖3大匙

做法

1. 土鸡去内脏后剁块，汆烫后略为冲水；五花肉切方块，汆烫后略为冲水，备用。
2. 将姜片和葱放入砂锅底，再放入做法1的材料。
3. 锅中加入所有调料，盖上锅盖后以小火炖煮至鸡肉软透，最后撒上葱段即可。

贵妃砂锅鸡

材料

鸡腿肉500克、青江菜5棵、竹笋块150克、香菇80克、葱段50克、姜片20克、蒜40克、水400毫升

调料

蚝油3大匙、红葡萄酒50毫升

做法

1. 青江菜对切后放入滚水中汆烫至熟，捞出沥干水分，备用。
2. 热一炒锅，放入少许食用油，以小火爆香葱段、姜片、蒜后，盛出放入砂锅中垫底。
3. 竹笋块及香菇放入滚水中汆烫至熟后，放入砂锅中；鸡腿切块，放入滚水中汆烫一下，捞出后以清水洗净，再排放入砂锅中。
4. 在砂锅中加入蚝油、水，接着将砂锅放至炉上，以小火煮滚后再煮约30分钟，最后淋上红葡萄酒、放入青江菜，再煮约30秒钟即可。

上海馄饨鸡

材料

土鸡1只、猪绞肉150克、大馄饨皮15张、姜泥1茶匙、葱白泥1茶匙、淀粉1/2茶匙、火腿120克、绍兴酒1大匙、姜片20克、葱段少许、水1200毫升、青江菜200克

调料

盐1/2茶匙、白糖1/4茶匙、料酒1/2茶匙、胡椒粉1/8茶匙、香油1/4茶匙

做法

1. 土鸡去内脏，彻底洗净后剁块汆烫。
2. 猪绞肉与所有调料混合，摔打至黏稠起胶，再加入姜泥、葱白泥和淀粉拌匀，即成猪肉馅备用。
3. 火腿切小丁状；青江菜洗净对切。
4. 取一砂锅，放入姜片、葱段、水和绍兴酒，再加入土鸡及火腿丁，盖上锅盖以小火炖约2小时。
5. 将猪肉馅包成大馄饨，放滚水中煮约3分钟，再捞出沥干水，加入砂锅中煮约2分钟后再放入青江菜，煮至滚沸即可。

椰香咖喱鸡

材料

鸡腿肉300克、蒜末2茶匙、洋葱1/2个、椰奶1/2罐、高汤500毫升

调料

咖喱块3块、咖喱粉2茶匙、盐1/2茶匙、白糖1大匙

腌料

盐1茶匙、白糖1/4茶匙、淀粉1大匙

做法

1. 鸡腿肉洗净切成小块状，放入腌料中沾裹均匀，静置10分钟；洋葱洗净切片，备用。
2. 热锅，倒入适量的食用油，待油温热至180℃，放入腌鸡肉块，炸至表面呈金黄色，捞出沥油备用。
3. 锅中留少许油，放入蒜末、咖喱粉，以小火炒香后，再放入洋葱片略翻炒3分钟，加入高汤、白糖、盐、椰奶煮滚3分钟。
4. 最后加入炸鸡块，煮约5分钟，再加入咖喱块拌匀，并放上烫熟的西蓝花（材料外）装饰即可。

椰香鸡肉

材料

土鸡肉200克、洋葱片30克、香茅2根、柠檬叶2片、水100毫升、椰奶1/2罐

调料

红咖喱1茶匙、盐1.5茶匙、白糖1/2茶匙

做法

1. 鸡肉剁小块，放入滚水中汆烫去血水，再捞出洗净，备用。
2. 热锅，加入1茶匙食用油，放入红咖喱以小火炒香，再加入鸡肉块炒约2分钟。
3. 于锅中加入水、盐、白糖、香茅、柠檬叶，煮约5分钟，接着加入椰奶煮约10分钟，最后加入洋葱片煮约2分钟即可（盛盘后可另加入罗勒叶装饰）。

芋头烧鸡

材料

芋头150克、带骨鸡胸肉250克、红辣椒1个、蒜10克、葱段少许、水600毫升

调料

盐1茶匙、白糖1茶匙、酱油1茶匙、鸡精1/2茶匙

做法

1. 芋头去皮切滚刀块；带骨鸡胸肉洗净剁大块；红辣椒洗净切斜片；蒜洗净切末，备用。
2. 热锅，倒入适量食用油，放入芋头块以中大火炸至表面呈金黄色，捞起沥干。
3. 锅中留少许油，放入红辣椒片、蒜末、葱段爆香，再放入鸡肉块、炸芋头炒香，再加入所有调料煮沸。
4. 最后盖上锅盖以小火焖煮15分钟即可。

黑木耳蒸鸡

材料

鸡腿2只、黑木耳10克、葱段少许

调料

盐1/4茶匙、酱油1/2茶匙、白糖1/4茶匙、料酒1茶匙、淀粉1茶匙

做法

1. 黑木耳泡水至涨发，洗净去除蒂头，备用。
2. 鸡腿剁小块，洗去血水后沥干，备用。
3. 将鸡腿块加入所有调料拌匀，再加入黑木耳拌匀，腌渍约20分钟，备用。
4. 放入蒸盘里铺平，入锅以大火蒸约12分钟后取出，撒上葱段装饰即可。

鸡丁豆腐煲

材料

鸡胸肉80克、板豆腐1块、黑木耳15克、胡萝卜丁1茶匙、葱花1茶匙、蒜末1/2茶匙、水5大匙

调料

蚝油2茶匙、盐1/4茶匙、白糖1/8茶匙、水淀粉2茶匙

腌料

盐1/4茶匙、米酒1/2茶匙、淀粉1/2茶匙

做法

1. 板豆腐切2厘米小丁;黑木耳洗净切小丁,备用。
2. 鸡胸肉洗净切丁,加入所有腌料拌匀静置,备用。
3. 热锅，加入1大匙食用油，放入鸡丁及蒜末炒至肉色变白，再加入水、胡萝卜丁、除水淀粉外的所有调料及豆腐丁、黑木耳丁煮约3分钟至滚，再以水淀粉勾芡拌匀，起锅前撒上葱花即可。

照烧鸡腿

材料

鸡腿500克、洋葱丝50克、熟白芝麻少许、小豆苗适量

调料

酱油70毫升、米酒70毫升、味醂60毫升、白糖少许

做法

1. 所有调料混合煮匀，即为照烧酱，备用。
2. 热锅，加入2大匙食用油，放入鸡腿拌炒至颜色变白，再加入洋葱丝炒香，接着淋入照烧酱煮滚，盖上锅盖焖煮约5分钟，再打开盖煮至入味。
3. 取一盘，铺上适量小豆苗，待煮至入味、汁微干时盛出，再均匀撒上熟白芝麻即可。

红油鸡爪

材料

鸡爪300克、洋葱丝1/2个、姜片10克、蒜片少许、红辣椒丝少许、水200毫升

调料

红油2大匙、八角1粒、花椒油1茶匙、酱油1大匙、米酒30毫升、香油1茶匙、盐少许、白胡椒粉少许、白糖30克

做法

1. 鸡爪洗净、对切，放入滚水中快速汆烫过水，备用。
2. 取一容器，加入所有材料与所有调料，一起混合拌匀，再用保鲜膜封好，备用。
3. 摆入蒸笼中，以中火蒸约50分钟，取出去除保鲜膜即可。

醉鸡

材料

去骨土鸡腿1只

腌料

盐2茶匙、枸杞子1茶匙、绍兴酒250毫升、料酒100毫升

做法

1. 土鸡腿内侧撒入1/2茶匙的盐抹匀，再将鸡腿肉朝内、皮朝外，卷成圆筒状，最外侧再用铝箔纸包裹，并将两头扎紧，备用。
2. 放入滚水中，以小火煮约20分钟，熄火浸泡10分钟后再取出，放入冰水中冰镇至完全凉透，取出拆除铝箔。
3. 取150毫升煮鸡的汤再次煮滚，加入剩余盐、枸杞子拌匀待凉后，加入绍兴酒及料酒，再放入鸡肉浸泡约6小时至入味，食用前切片盛盘即可。

海南鸡

材料

去骨鸡腿2块、葱丝少许、红辣椒1个、卷心菜丝适量

调料

料酒100毫升、盐少许、白胡椒粉少许、新鲜香茅1根、丁香2粒、八角1粒、鱼露2大匙、水600毫升

做法

1. 将去骨鸡腿放入滚水中汆烫去血水；红辣椒洗净切丝备用。
2. 将所有调料混合煮开，再放入去骨鸡腿，煮15分钟后，再关火焖25分钟，并滤出汤汁。
3. 将煮好的鸡腿捞起切片，摆在铺有卷心菜丝的盘上，再淋上少许过滤的汤汁。
4. 最后再摆上葱丝与红辣椒丝装饰即可。

口水鸡

材料

Ⓐ 大鸡腿1只、熟白芝麻1茶匙、蒜味花生1茶匙、香菜叶少许 Ⓑ 姜末1/2茶匙、蒜末1/2茶匙、葱花1/2茶匙

调料

凉开水3大匙、辣豆瓣酱1茶匙、蚝油1茶匙、芝麻酱1/2茶匙、花生酱1/2茶匙、白醋1茶匙、白糖1/2茶匙、辣油适量、花椒粉适量

做法

1. 大鸡腿洗净，放入滚水中以小火煮约20分钟，再捞出放凉，备用。
2. 蒜味花生碾碎，备用。
3. 所有调料拌匀，再加入所有材料B拌匀，即为口水鸡酱，备用。
4. 将鸡腿剁块盛盘，淋上口水鸡酱，再撒上花生碎、熟白芝麻、香菜叶即可。

水晶鸡

材料

去骨土鸡腿2只、姜片2片、葱段少许、红葱头5粒、枸杞子10克

调料

盐1茶匙

做法

1. 去骨土鸡腿放入沸水中汆烫去血水，取出洗净；红葱头切末，备用。
2. 热锅，倒入1/2杯的食用油，将红葱末以小火慢慢炸至金黄色，将葱油沥出备用。
3. 取锅，加八分满水煮至沸腾，放入鸡腿及姜片、葱段，待水再滚沸后，转小火煮约15分钟。
4. 熄火盖上锅盖，焖约10分钟后取出鸡腿备用。
5. 待煮鸡腿的汤汁冷却，取出4杯汤汁加葱油2大匙、枸杞子、盐调匀。
6. 将鸡腿浸泡入汤汁中，放置冰箱中冷藏2天，食用前再切片即可。

白斩鸡

材料

土鸡1只、姜片3片、葱段10克、米酒1大匙

蘸料

素蚝油50毫升、酱油膏少许、白糖少许、香油少许、蒜末少许、红辣椒末少许

做法

1. 鸡洗净、去毛，沥干后放入沸水中汆烫，再捞出沥干，重复上述做法3～4次后，取出沥干备用。
2. 将鸡放入装有冰块的盆中，将整只鸡外皮冰镇冷却，再放回原锅中，加入米酒、姜片及葱段，以中火煮约15分钟后熄火，盖上盖子焖约30分钟。
3. 取锅中150毫升的鸡汤，加入蘸酱调匀，即为白斩鸡蘸酱。
4. 将鸡肉取出，待凉后剁块盛盘，食用时搭配白斩鸡蘸酱即可。

葱油鸡

材料

土鸡1/2只、葱3根、姜1小块、红辣椒1个

调料

盐1大匙、鸡精1茶匙、胡椒粉1/2茶匙、料酒适量

做法

1. 土鸡肉洗净，放入沸水中汆烫去除血水后，以冷水洗净备用；取1根葱切丝；取少许姜切丝，其余切片；红辣椒去籽切丝，备用。
2. 热一锅水，加入葱2根、姜片及料酒，煮至沸腾后，放入土鸡肉，待水再度沸腾后熄火焖约30分钟。
3. 将土鸡肉捞出，趁热抹上盐、鸡精、胡椒粉后放凉，切成块排盘，再放上葱丝、姜丝及红辣椒丝。
4. 热一锅，放入3大匙食用油烧至沸腾后，淋在鸡肉上即可。

盐水鸡

材料

鸡腿1只、姜片5克、葱段少许、蒜片少许、冷开水500毫升

调料

鸡精1大匙、盐3大匙、冰块适量

做法

1. 鸡腿洗净，放入滚水中快速汆烫过水，备用。
2. 取锅，加水没过鸡腿，再加入姜片、葱段、蒜片，以中火将鸡腿煮熟。
3. 另取一锅冷开水，放入盐与鸡精调匀，加入冰块冷却，再放入煮熟的鸡腿，浸泡约12小时以上至入味，食用前切块盛盘即可（如要美观，可另加入生菜叶装饰）。

咸水手撕鸡

材料

土鸡1/2只、蒜苗片30克

调料

三奈粉1/2茶匙、白胡椒粉1/2茶匙、甘草粉1/4茶匙、盐1茶匙、白糖1/4茶匙

做法

1. 土鸡洗净，放入锅中蒸约30分钟至熟，用凉开水泡凉，锅中剩下的汤汁即是鸡高汤。
2. 将放凉的土鸡肉剥成粗丝，装盘备用。
3. 取3大匙鸡高汤及所有调料煮滚后关火放凉，淋至铺上蒜苗片的鸡肉丝即可。

蒜香鸡

材料

白斩鸡1/2只、蒜50克、油3大匙、水60毫升、香菜1大匙

调料

盐1/4茶匙、酱油1大匙、白糖1茶匙

做法

1. 白斩鸡剁块后，盛入盘中。
2. 蒜洗净切碎，冲水3分钟后沥干。
3. 取锅，加入3大匙食用油烧热至120℃，放入蒜碎以小火炸至外观金黄，捞起沥油备用。
4. 将水、全部调料、蒜碎及1大匙蒜油煮滚，淋在鸡肉上，再放上香菜装饰即可。

辣油黄瓜鸡

材料

鸡胸肉80克、小黄瓜100克、红辣椒丝10克

调料

辣油2大匙、蚝油1大匙、凉开水1大匙、白糖1/2茶匙

做法

1. 取鸡胸肉放入滚水中汆熟，捞出、剥丝，备用。
2. 小黄瓜洗净切丝、盛盘，将鸡丝放在小黄瓜丝上。
3. 将所有调料拌匀成酱汁，淋在鸡丝上，再撒上红辣椒丝即完成。

水晶鸡肉冻

材料

鸡胸肉1块、鸡爪10只、鸡精10克、姜50克、葱2根、水800毫升、琼脂15克、蘸酱适量

调料

盐1茶匙、白糖1/4茶匙、绍兴酒1茶匙

做法

1. 将鸡胸肉、鸡爪洗净，与水、鸡精、姜、葱放入电饭锅中炖50分钟。
2. 取出煮熟的鸡胸肉，以手撕成小块放入大碗中；琼脂加少许水调开备用。
3. 将电饭锅中的姜、葱、鸡爪取出，将所有调料倒入，与锅中的鸡汤一起拌匀，再倒入琼脂水拌匀。
4. 将调好味的鸡汤过滤，倒入碗内，待凉后放入冰箱中冷藏至凝固。
5. 食用时从冰箱取出，倒扣于盘子上，搭配蘸酱食用即可。

清炖牛腩

材料

牛肋条300克、白萝卜100克、姜30克、葱10克、水700毫升

调料

盐1茶匙、米酒1大匙、花椒1茶匙、白胡椒粒1/2茶匙

做法

1. 牛肋条切5厘米长段，放入滚水中汆烫，捞出洗净，备用。
2. 白萝卜去皮、切滚刀块，放入滚水中汆烫，捞出，备用。
3. 姜切片；葱切段；白胡椒粒用菜刀压破，和花椒一起装入卤包袋中，备用。
4. 取一汤锅，加入做法2、做法3的材料，再加700毫升水以小火熬煮1小时，加入所有调料再煮15分钟，起锅前捞除卤包袋、姜片、葱段即可（盛碗后可另加入香菜搭配）。

贵妃牛腩

材料

牛肋条500克、姜片50克、蒜10瓣、葱段少许、八角3粒、桂皮15克、水500毫升、青江菜1棵

调料

米酒5大匙、辣豆瓣1大匙、番茄酱3匙、白糖2大匙、蚝油2茶匙

做法

1. 将牛肋条切成约6厘米的长段，汆烫洗净。
2. 取一锅，锅内加入3大匙食用油，放入姜片、蒜、葱段，略炸成金黄色后放入辣豆瓣略炒。
3. 加入牛肋条段、八角、桂皮，炒2分钟后加水和调料，以小火烧至汤汁微收，即可盛盘。
4. 将青江菜洗净对切，放入滚水中略烫，再捞起放置盘边即可。

咖喱牛肉

材料

牛肉片150克、花菜5朵、土豆50克、胡萝卜20克、甜豆荚3条、洋葱1/4个、蒜末1/2茶匙、水250毫升

调料

Ⓐ 咖喱粉1大匙 Ⓑ 盐1/2茶匙、鸡精1/2茶匙、白糖1/4茶匙

做法

1. 土豆、胡萝卜、洋葱去皮切片；花菜洗净；甜豆荚摘蒂洗净，备用。
2. 胡萝卜、土豆、花菜汆烫2分钟后过冷水，备用。
3. 热锅，加入1.5大匙食用油，放入蒜末、咖喱粉略炒，再放入牛肉片炒至肉色变白，接着加入水及所有调料B拌匀，再加入做法2的材料与洋葱煮约5分钟，起锅前加入甜豆荚煮滚即可。

酒香牛肉

材料

牛肋条600克、竹笋200克、姜40克、红辣椒2个、蒜40克、葱2根

调料

黄酒400毫升、水200毫升、盐1茶匙、白糖1大匙

做法

1. 牛肉洗净切小块；竹笋洗净后切块；红辣椒及葱洗净切长段；蒜和姜切片，备用。
2. 将牛肉和竹笋块、姜片、蒜片放入内锅，加入所有调料，再放入电饭锅，外锅加约2杯水，盖上锅盖，按下开关，蒸至开关跳起即可。

洋葱炖牛肉

材料

牛肉200克、洋葱1个、姜10克、葱1根

调料

盐少许、白胡椒粉少许、月桂叶1片、丁香2粒、酱油1大匙、香油1茶匙、水1000毫升

做法

1. 先将牛肉洗净，并切成块状，放入滚水中汆烫，再捞起备用。
2. 将洋葱洗净切成大块状；姜洗净切片；葱洗净切段备用。
3. 取一个炒锅，加入1大匙食用油，接着加入姜片、葱段爆香，再放入洋葱块及牛肉块，以中火炒香。
4. 锅内放入所有的调料，以小火炖煮约30分钟至软即可。

豆瓣牛筋

材料

牛筋500克、八角5粒、花椒5克、桂皮50克、草果3粒、葱2根、姜1块

调料

辣豆瓣酱1大匙、盐1/2茶匙、白糖1/2茶匙、绍兴酒20毫升

做法

1. 牛筋切块，汆烫洗净备用。
2. 将牛筋、八角、花椒、桂皮、草果、姜、葱放入锅中，加入刚好没过牛筋的水量，以中火煮3小时，再将牛筋以外的材料全部捞除。
3. 将调料加入盛有牛筋的锅中，以中火煮至汤汁收干即可。

香油牛丸

材料

牛肉500克、荸荠100克、嫩姜丝50克、香菜末100克

调料

Ⓐ 盐1/2茶匙、味精1/2茶匙、白糖1/4茶匙、料酒1茶匙、淀粉1茶匙、水20毫升 Ⓑ 料酒10毫升、酱油1茶匙、白糖1/4茶匙、水20毫升 Ⓒ 香油20毫升

做法

1. 将牛肉绞泥、荸荠绞碎，加入调料A拌匀，摔打6分钟呈黏稠状。
2. 将材料用手挤成丸状，放入120℃油锅中以小火炸10分钟捞起备用。
3. 炒锅中加入香油、嫩姜丝炒香，再加入调料B、丸子，以小火煮3分钟，最后放入香菜末以小火煮半分钟即完成。

柱侯牛腩煲

材料

煮熟牛腩块600克、白萝卜块300克、姜片20克、蒜片少许、红辣椒片少许、牛高汤1000毫升

调料

Ⓐ 柱侯酱2大匙、料酒1大匙 Ⓑ 蚝油1茶匙、酱油1茶匙、白糖1茶匙、盐1/2茶匙、料酒1大匙 Ⓒ 淀粉1大匙、水2大匙

做法

1. 起一锅加入少许食用油，待油热后放入姜片、红辣椒片爆香，等姜片呈焦黄色后，再放入蒜片、调料A爆香。
2. 放入煮熟牛腩块及白萝卜块拌炒均匀后，再倒入牛高汤、调料B，待牛高汤煮开后再盛入砂锅内。
3. 将砂锅移置炉上，盖紧锅盖，以小火煮约30分钟，煮至汤汁呈黏稠状后淋上调料C调匀的水淀粉勾芡即可。

牛肉豆腐煲

材料

牛肉120克、板豆腐200克、姜30克、蒜苗40克、红葱头20克

调料

Ⓐ 蛋清1大匙、淀粉1茶匙、酱油1茶匙、嫩肉粉1/4茶匙 Ⓑ 辣豆瓣酱2大匙、水200毫升、白糖1大匙、料酒2大匙、水淀粉2茶匙、香油1茶匙

做法

1. 牛肉洗净切块状，加调料A抓匀腌渍5分钟。
2. 板豆腐洗净切小块；红葱头及姜洗净切末；蒜苗洗净切片备用。
3. 热油锅至180℃，放入板豆腐块炸至外观呈金黄色，捞出沥油。
4. 另取锅烧热，倒入约2大匙食用油，放入牛肉块以大火快炒约30秒至表面变白，捞出备用。
5. 热锅，放入红葱头末、姜末及辣豆瓣酱爆香。
6. 加入水、白糖、料酒及板豆腐煮至滚沸后，再煮约30秒后加入牛肉块及蒜苗片炒匀，最后用水淀粉勾芡，淋上香油即可。

红烧羊肉

材料

带皮羊肉800克、白萝卜600克、姜25克、红葱头20克、水1100毫升

调料

柱侯酱2大匙、料酒4大匙、白糖1/2茶匙

做法

1. 将羊肉洗净剁成块；姜及红葱头洗净去皮后切碎；白萝卜洗净去皮后切块；备用。
2. 热锅倒入约2大匙食用油烧热，放入姜碎及红葱头碎以小火爆香，加入羊肉及料酒大火快炒至羊肉表面收缩、水分略干，加入柱侯酱炒匀。
3. 移入汤锅中，加入白萝卜、水及白糖煮开后转小火，煮约90分钟至羊肉软烂即可放些许胡萝卜丝和香菜（均材料外）。

清蒸鲜鱼

材料

鲈鱼1条（500克）、葱段少许、葱丝30克、姜丝20克、红辣椒丝少许、水80毫升

调料

酱油1大匙、鱼露1茶匙、柴鱼酱油1茶匙、白糖1茶匙、盐1/4茶匙、胡椒粉1/4茶匙、香油1茶匙

做法

1. 先将鲈鱼清理干净。
2. 取一蒸盘，盘底放入葱段后摆上鲈鱼，再放入蒸锅中，以中火蒸约8分钟即可取出。
3. 葱丝、姜丝及红辣椒丝摆在蒸好的鲈鱼上，淋上适量热油。
4. 将所有调料混合煮滚，淋在鲈鱼上即可。

豆瓣鱼

材料

鲜鱼1条、猪绞肉40克、蒜末15克、姜末15克、红辣椒末15克、葱花15克

调料

Ⓐ 辣豆瓣酱2大匙、辣椒酱1/2大匙、酱油1茶匙、米酒1茶匙、白糖1茶匙、盐少许、水200毫升 Ⓑ 番薯粉适量、水淀粉适量

做法

1. 鱼处理好洗净，均匀沾裹上番薯粉，放入油温160℃的油锅中，炸约5分钟，捞出沥油备用。
2. 锅中留少许油，放入蒜末、姜末、红辣椒末与猪绞肉炒香，再加入所有调料A煮至沸腾。
3. 放入鱼煮至入味，以水淀粉勾芡，再撒上葱花即可。

泰式柠檬鱼

材料

Ⓐ 鲈鱼1条 Ⓑ 番茄1/2个、洋葱丝30克、红辣椒末1/2茶匙、蒜末1/2茶匙、香菜梗碎1/2茶匙

调料

鱼露1大匙、柠檬汁2茶匙、白糖2茶匙、盐1/2茶匙

做法

1. 鲈鱼洗净划刀，置于蒸盘中，备用。
2. 番茄去籽、切条，与其余材料B及所有调料混合拌匀，淋在放有鲈鱼的盘中，入锅以大火蒸约12分钟即可（盛盘后可加柠檬片及香菜叶装饰）。

西湖醋鱼

材料

鲈鱼1条、姜片20克、葱段少许、姜末1大匙、红辣椒丝少许、水60毫升

调料

Ⓐ醋50毫升、白醋50毫升、酱油1大匙、白糖1.5大匙

Ⓑ香油1大匙、水淀粉1大匙

做法

❶ 鲈鱼清理干净，在两面鱼身上各划3刀备用。

❷ 取锅，加入半锅水煮滚，放入姜片和葱段煮至再次滚沸，再放入鲈鱼以小火煮熟，捞起盛盘。

❸ 另取锅，加入水、调料A和姜末煮滚后，以水淀粉勾芡，再加入香油拌匀，淋至鱼身上，放上红辣椒丝装饰。

葱油鲈鱼

材料

鲈鱼1条（约700克）、葱4根、姜30克、红辣椒丝少许

调料

Ⓐ 蚝油1大匙、酱油2大匙、水50毫升、白糖1大匙、白胡椒粉1/6茶匙 Ⓑ 米酒1大匙

做法

❶ 鲈鱼洗净，从背鳍处划刀，由鱼头纵切至鱼尾，深至脊骨，将切口处向下置于盘中，可于鱼身下横垫1根筷子，以便水蒸气穿透。

❷ 将2根葱切段后拍破、10克姜切片，铺至鱼身，洒上米酒，再放入电饭锅；外锅放入1/2杯水，盖上锅盖，按下开关，蒸至开关跳起，取出蒸好的鲈鱼；将另外2根葱切丝、剩余20克姜切丝，与红辣椒丝一起铺至鲈鱼上备用。

❸ 另热锅加入50毫升食用油，烧热后淋至葱丝、姜丝及红辣椒丝上，原锅加入调料A煮开，再淋至鲈鱼即可。

砂锅鱼头

材料

鲢鱼头1/2个、板豆腐1块、芋头1/2个、白菜1个、葱段30克、姜片10克、蛤蜊8个、豆腐角10个、黑木耳片30克、水1000毫升

调料

盐1/2茶匙、蚝油1大匙

腌料

盐1茶匙、白糖1/2茶匙、淀粉3大匙、鸡蛋1个、胡椒粉1/2茶匙、香油1/2茶匙

做法

❶ 将腌料混合拌匀，均匀地涂在鲢鱼头上，板豆腐洗净切长方块，芋头去皮切块，分别放入油锅中，以小火炸至表面呈金黄色后捞出沥油。

❷ 白菜洗净，切成大片后放入滚水中汆烫，再捞起沥干放入砂锅底。

❸ 于砂锅中依序放入鲢鱼头、板豆腐、葱段、姜片、豆腐角、黑木耳片、芋头块，加入水和所有调料，煮约12分钟，加入蛤蜊煮至开壳即可。

酸菜鱼

材料

鲈鱼肉200克、酸菜心150克、竹笋片60克、干辣椒10克、花椒粒5克、姜丝15克

调料

Ⓐ 米酒1大匙、盐1/6茶匙、淀粉1茶匙 Ⓑ 盐1/4茶匙、味精1/6茶匙、白糖1/2茶匙、绍兴酒2大匙、高汤200毫升 Ⓒ 香油1茶匙

做法

1. 鲈鱼肉切成约0.5厘米的厚片，加入所有调料A抓匀；酸菜洗净、切小片，备用。
2. 热一炒锅，加入少许食用油，以小火爆香姜丝、干辣椒及花椒，接着加入酸菜片、竹笋片及所有调料B煮开。
3. 将鲈鱼片一片片放入锅中略为翻动，以小火煮约2分钟至熟，接着洒上香油即可。

香蒜蒸鳕鱼

材料

鳕鱼1片（约300克）、蒜酥5克、姜末10克、红辣椒末5克、榨菜末10克、葱花10克

调料

酱油1茶匙、蚝油1/2茶匙、白糖1/2茶匙、米酒1茶匙

做法

1. 鳕鱼洗净，用厨房纸巾将鱼身上的水分略吸干，再放置蒸盘上。
2. 蒜酥、姜末、红辣椒末、榨菜末及所有调料拌匀成酱料。
3. 将拌好的酱料均匀地铺在鱼身上，盖上保鲜膜，放入水已煮滚的蒸笼中，用大火蒸约15分钟。
4. 蒸好后撕去保鲜膜，撒上葱花即可。

蒜味黄鱼

材料

黄鱼 1条、蒜片40克、红辣椒末5克、葱花10克

调料

盐1大匙、酱油1茶匙、米酒2大匙、胡椒粉1/2茶匙、食用油2大匙

做法

1. 黄鱼洗净，去除鳞、腮及内脏备用。
2. 在黄鱼上铺上蒜片及红辣椒末，再均匀撒上所有调料。
3. 取一内锅，放入黄鱼，再放入电饭锅，外锅加约1/2杯水，盖上锅盖，按下开关，蒸约10分钟，盛盘后摆上葱花。

豆酥鳕鱼

材料

鳕鱼1片（约200克）、豆酥3大匙、红辣椒片少许、蒜片少许、芹菜段少许、葱末少许

调料

香油1茶匙、米酒2大匙、白糖1茶匙

做法

1. 将鳕鱼洗净，再使用餐巾纸吸干水分，放入盘中。
2. 取一容器，加入豆酥和所有的调料一起轻轻搅拌均匀，铺在鳕鱼上。
3. 将红辣椒片、蒜片、芹菜段和葱末放至鳕鱼上，盖上保鲜膜，放入电饭锅中，外锅加入1杯水蒸至开关跳起即可。

酱烧鱼肚

材料

虱目鱼肚2副、姜片20克、葱段少许、葱花适量、水500毫升

调料

酱油5大匙、米酒5大匙、白糖2大匙、白胡椒粉1/2茶匙

做法

1. 虱目鱼肚清理洗净备用。
2. 取锅，放入姜片、葱段、水及所有调料，煮至沸腾。
3. 再放入鱼肚，以小火煮7～8分钟，撒上葱花即可。

剁椒蒸虱目鱼肚

材料

虱目鱼肚1副、葱花1茶匙

调料

剁椒汁2大匙

做法

1. 虱目鱼肚洗净、置盘，取剁椒汁均匀淋在虱目鱼肚上。
2. 将虱目鱼肚放入蒸锅中，以中火蒸约5分钟，取出后撒上葱花即完成。

烹饪小秘方

剁椒汁

将剁椒1大匙、姜末1/2茶匙、蒜末1/2茶匙、白糖1/4茶匙、鸡精1/4茶匙、食用油1茶匙，全部混合均匀即可

干烧鱼下巴

材料
鲷鱼下巴100克、葱1根、姜5克、蒜5瓣、红辣椒5克

调料
水70毫升、白糖1茶匙、盐1/2茶匙、酱油1茶匙、白醋1茶匙、米酒1大匙、香油1大匙

做法
1. 葱洗净切末；姜洗净切末；蒜洗净切末；红辣椒洗净切末，备用。
2. 热锅倒入适量食用油，放入鲷鱼下巴煎至两面金黄，取出备用。
3. 另热一锅倒入适量食用油，放入葱末、姜末、蒜末及红辣椒末爆香。
4. 再放入鲷鱼下巴及所有调料，转小火煮至汤汁收干即可。

现烫墨鱼

材料
墨鱼2只、姜5克、红辣椒1个、香菜2根、绿豆芽20克

调料
蚝油1茶匙、五味酱3大匙、葱碎少许

做法
1. 将墨鱼肚子剖开洗净，切圈备用。
2. 将姜、红辣椒切成丝状；香菜切碎。
3. 将墨鱼和绿豆芽分别放入滚水中汆烫备用。
4. 将所有材料混合均匀，再淋入混合好的调味酱即可。

清蒸鱼卷

材料
鱼肚档250克、香菇丝4朵、姜丝40克、豆腐1块、葱丝30克、红辣椒丝10克、香菜10克、黑胡椒1/2茶匙

调料
Ⓐ 鱼露2大匙、冰白糖1茶匙、香菇粉1茶匙、水100毫升、米酒1大匙 Ⓑ 香油2大匙、食用油2大匙

做法
1. 鱼肚档洗净切片，包入香菇丝、姜丝后卷起来，备用。
2. 豆腐切片铺盘，放上鱼肚档，淋上调匀的调料A，放入蒸锅以大火蒸8分钟。
3. 将盘取出，撒上其余材料，再淋上烧热的调料B即可。

烩什锦

材料

Ⓐ 海参1条、虾仁5个、水发鱿鱼100克、鸽蛋3个、脆笋片20克、甜豆荚5条、胡萝卜片20克、鱼板4片
Ⓑ 蒜末1/2茶匙、水80毫升

调料

Ⓐ 盐1/2茶匙、蚝油1大匙、胡椒粉1/4茶匙、香油1/2茶匙 Ⓑ 绍兴酒1茶匙、水淀粉1大匙

做法

1. 所有材料A洗净处理毕后，放入滚水中汆烫，再捞起过凉，备用。
2. 热锅，放入少量食用油，爆香蒜末，再加入绍兴酒、水，接着放入其余材料，待滚加入所有调料A拌匀，再以水淀粉勾芡即可。

赛螃蟹

材料

小黄鱼1条、蛋清4个、蛋黄1个、葱花少许

调料

Ⓐ 盐1/4茶匙、淀粉1/2茶匙 Ⓑ 姜末1/2茶匙、葱末1/2茶匙、盐1/4茶匙、鸡精1/4茶匙、白胡椒粉1/8茶匙、香油1/2茶匙、绍兴酒1茶匙、水淀粉1茶匙、酱油1大匙

做法

1. 小黄鱼去鱼骨拔掉小刺，切成小片，加入调料A拌匀备用。
2. 将调料B混合成酱汁。
3. 将腌黄鱼片放入油锅中，用中火半煎炸至略熟后，捞起加入蛋清内混合拌匀。
4. 热锅，加入2.5大匙食用油，放入鱼片以小火慢炒至蛋清半凝固。
5. 再倒入酱汁以小火炒匀，起锅盛盘，趁热在中央放入蛋黄拌匀，撒上葱花即可。

咸鱼肉饼

材料

猪绞肉120克、咸鱼50克、葱末10克、蒜末10克、蛋黄1个

调料

酱油1大匙、料酒1大匙、白糖1茶匙、胡椒粉1/2茶匙、香油1茶匙

做法

1. 咸鱼洗净剁成末，热锅，倒入适量食用油，放入咸鱼末以中小火炒香，捞出备用。
2. 将咸鱼末、葱末、蒜末及所有调料加入猪绞肉抓匀，再放入塑料袋中摔打并捏至绞肉变稠、有黏性。
3. 取出猪绞肉放入盘中，放上蛋黄，放入蒸笼里以中火蒸约10分钟即可。

鲜虾粉丝煲

材料

草虾10只、粉丝1把、姜片3克、蒜片少许、洋葱丝少许、红辣椒片少许、猪绞肉50克、青江菜2棵、水400毫升

调料

沙茶酱2大匙、白胡椒粉少许、盐少许、面粉10克、白糖1茶匙、白胡椒粉少许

做法

1. 草虾洗净；粉丝泡入冷水中软化后沥干，备用。
2. 起一油锅，以中火烧至油温约190℃，将草虾裹上薄面粉后，放入油锅炸至外表呈金黄色时捞出沥油备用。
3. 另起一炒锅，倒入1大匙食用油烧热，放入姜片、蒜片、洋葱丝、红辣椒片及猪绞肉以中火爆香后，加入所有调料、粉丝、草虾和青江菜，以中小火烩煮约8分钟即可。

柠檬蒸虾

材料

白虾200克、红辣椒3个、蒜10克、香菜3克

调料

柠檬汁2大匙、鱼露1大匙、白糖1/4茶匙

做法

1. 红辣椒、蒜和香菜洗净剁碎，再加入所有调料拌匀成酱汁备用。
2. 白虾洗净沥干，放置盘上，再淋入酱汁，盖上保鲜膜，放入水已煮滚的蒸笼，用大火蒸约15分钟后取出，上桌前撕去保鲜膜即可。

白灼虾

材料

鲜虾300克、葱丝20克、姜丝10克、红辣椒丝10克

调料

凉开水2大匙、酱油1茶匙、盐1/4茶匙、鸡精1/4茶匙、鱼露1/2茶匙、香油1/2茶匙、白胡椒粉少许

做法

1. 将调料混合拌匀，再加入葱丝、姜丝、红辣椒丝成蘸料。
2. 煮一锅约1000毫升的滚水，放入1/2茶匙盐、适量葱段、姜片和少许油（均材料外），以大火煮至大滚。
3. 将鲜虾洗净放入锅内，煮至虾弯曲且虾肉紧实即可捞出盛盘，再搭配蘸料食用即可。

绍兴酒蒸虾

材料

鲜虾300克、当归适量、枸杞子适量

调料

绍兴酒3大匙、盐少许

做法

1. 鲜虾洗净，备用。
2. 当归、枸杞子放入绍兴酒中浸泡约5分钟，再加入盐拌匀。
3. 将鲜虾放入，再放入蒸锅内以大火蒸约3分钟即可。

烧酒虾

材料

草虾300克、姜15克、葱2根、当归1片、枸杞子1大匙、红枣1大匙、黄芪3片

调料

米酒150毫升、盐少许、白胡椒粉少许

做法

1. 先将草虾洗净，再剪去草虾的触须，以牙签挑去泥肠备用；姜切丝；葱切小段，备用。
2. 取一炒锅，先加1大匙食用油，再加入姜丝、葱段，以中火先爆香，再加入所有的调料，以中火煮滚。
3. 于煮滚后的汤汁中加入处理好的草虾，汤汁煮滚后关火，再焖至汤汁冷却即可。

生菜虾松

材料

虾仁300克、荸荠100克、油条30克、生菜80克、葱末适量、姜末20克、芹菜末10克

调料

沙茶酱1大匙

腌料

盐1茶匙、胡椒粉1/2茶匙、米酒1大匙、蛋清3个、香油1茶匙、淀粉1大匙

做法

1. 虾仁洗净切小丁，加入所有腌料抓匀，腌渍约5分钟后、过油，备用；荸荠去皮切碎、压干水分，备用。
2. 热锅，加入适量食用油，放入葱末、姜末、芹菜末炒香，再加入虾丁、荸荠碎与沙茶酱炒匀，即为虾松。
3. 油条切碎、过油；生菜洗净，修剪成圆形片，备用。
4. 将生菜铺上油条碎，装入虾松即可。

蒜蓉蒸虾

材料

草虾8只、蒜末2大匙、葱花10克

调料

酱油1大匙、开水1茶匙、白糖1茶匙

做法

1. 草虾洗净，剪掉长须后以刀从虾头对剖至虾尾处，留下虾尾不要剖断，去掉泥肠后排放至盘子上备用。
2. 调料放入小碗中混合成酱汁备用。
3. 蒜末放入碗中，冲入3大匙烧热至约180℃的食用油做成蒜油，淋在酱汁上。盘子盖上保鲜膜后移入蒸笼以大火蒸4分钟取出，撕去保鲜膜后淋上酱汁、撒上葱花即可。

海蟹糯米糕

材料

糯米300克、海蟹1只、虾米1大匙、泡发香菇丝50克、红葱头片50克、水100毫升、姜片3片、葱段少许

调料

五香粉1/2茶匙、酱油1茶匙、盐1/2茶匙、鸡精1/2茶匙、白糖1茶匙、胡椒粉1茶匙、香油1茶匙

做法

1. 糯米泡水2小时后洗净沥干。取一锅，入2大匙食用油加热，放入红葱头片，以小火炸至红葱头片呈金黄色，倒出过滤油（红葱酥和红葱油皆保留）。
2. 取一蒸笼，铺上纱布、放入糯米，以中火蒸15分钟。取一锅，倒入红葱油、虾米和泡发香菇丝，以小火炒约3分钟后加入所有调料、水和红葱酥拌炒均匀，煮约5分钟，放入蒸好的糯米拌匀，盛入盘中。
3. 将海蟹、姜片、葱入蒸盘以中火蒸约8分钟后取出切块，连同汤汁放入蒸笼蒸5分钟即可。

清蒸花蟹

材料

花蟹2只（约250克）、姜片60克、葱段50克、米酒30毫升、水300毫升、姜丝适量

调料

白醋60毫升

做法

1. 将花蟹外壳和蟹钳清洗干净。
2. 取一锅，锅中加入姜片、葱段、米酒和水，再放上蒸架，将水煮至滚沸。
3. 待水滚沸后，放上花蟹，蒸约15分钟。
4. 将白醋和姜丝混合，食用花蟹时蘸取即可。

墨鱼烧肉

材料

五花肉600克、墨鱼1只、姜1块、葱段少许、水500毫升

调料

绍兴酒80毫升、酱油3大匙、白糖2大匙

做法

1. 墨鱼洗净，切小块；五花肉切方块，汆烫后略为冲水，备用。
2. 将做法1的材料、葱和姜段放入锅内，加入所有调料，加盖以小火煮2小时即可。

五味章鱼

材料

小章鱼200克、姜8克、蒜10克、红辣椒1个

调料

番茄酱2大匙、白醋1大匙、酱油膏1茶匙、白糖1茶匙、香油1茶匙

做法

1. 将姜、蒜、红辣椒洗净切末，再与所有调料拌匀即为五味酱。
2. 小章鱼放入滚水中汆烫约10秒后，即捞起装盘，食用时搭配五味酱即可。

姜丝鱿鱼

材料

鱿鱼12只、姜10克、葱1/2根、红辣椒1/2个

调料

盐1/2大匙、鱼露2大匙、白胡椒粉少许、米酒1大匙、香油少许

做法

1. 姜、葱、红辣椒洗净后均切丝；将鱿鱼内脏清洗干净后备用。
2. 将鱿鱼加入姜丝及所有调料，放入蒸笼以大火蒸约6分钟。
3. 于鱿鱼上撒上葱丝及红辣椒丝，再放回蒸笼蒸约1分钟取出即可。

姜丝煮蛤蜊

材料

蛤蜊300克、葱2根、姜15克

调料

米酒3大匙、盐少许、白胡椒粉少许、香油1茶匙

做法

1. 先将蛤蜊洗净，取一锅，放入蛤蜊、适量的冷水与一大匙盐（分量外），让蛤蜊静置吐沙1小时备用。
2. 把葱洗净切段；姜洗净切丝备用。
3. 取一个汤锅，加蛤蜊、葱段、姜丝，以及所有的调料，最后以中火煮至滚沸，再捞除表面的气泡即可。

清蒸墨鱼

材料

墨鱼200克、姜丝20克、红辣椒丝5克、葱丝20克

调料

米酒1大匙、清蒸汁2大匙、食用油2大匙

做法

1. 墨鱼洗净，去除墨管后，沥干盛盘备用。
2. 将米酒和清蒸汁淋入墨鱼上，再放上姜丝和红辣椒丝。
3. 盖上保鲜膜，放入蒸锅中蒸约12分钟后，取出撕去保鲜膜，撒上葱丝。
4. 热锅，加入食用油烧热后，淋至墨鱼上即可。

豆豉蒸墨鱼

材料

墨鱼3只（约180克）、葱丝20克、姜丝15克、红辣椒丝5克

调料

豆豉20克、米酒10毫升、酱油15毫升

做法

1. 将墨鱼洗净，排放在盘中，加入混合拌匀的调料，盖上保鲜膜，放入电饭锅中，于外锅加入1/2杯水，按下开关，待开关跳起后取出。
2. 在墨鱼上，放入葱丝、姜丝和红辣椒丝即可。

水煮鱿鱼

材料

鱿鱼1只、姜6克、红辣椒1个、香菜2根

调料

蒜香葱油膏适量

做法

1. 将鱿鱼肚子剖开洗净切花刀，再切成条状，放入滚水中汆烫捞起备用。
2. 将红辣椒、姜洗净切成丝状；香菜摘叶片备用。
3. 再将所有材料混合均匀，最后淋入蒜香葱油膏即可。

烹饪小秘方

蒜香葱油膏

材料

蒜碎适量、葱碎适量、酱油膏3大匙、开水1大匙

做法

全部混合均匀即可。

酸辣鱿鱼

材料

鲜鱿鱼150克、番茄50克、香菜10克、洋葱丝30克

调料

泰式酸辣酱3大匙

做法

1. 鲜鱿鱼去掉外膜后，斜刀交叉在鱿鱼内侧切花刀后切小块；番茄洗净切片；洋葱去皮切丝，备用。
2. 煮一锅水至沸腾，放入鲜鱿鱼汆烫约1分钟，捞起沥干放凉备用。
3. 将所有材料加入泰式酸辣酱拌匀即可。

烹饪小秘方

泰式酸辣酱

材料

红辣椒碎15克、蒜碎20克、白糖20克、鱼露50毫升、柠檬汁40毫升

做法

全部混合均匀即可。

酒蒸蛤蜊

材料

蛤蜊500克、姜丝20克

调料

盐1/6茶匙、米酒1大匙

做法

1. 蛤蜊吐沙洗净后，装入容器中。
2. 加入盐、米酒和姜丝后，并用保鲜膜封好。
3. 放入水已煮滚的蒸笼中，用大火蒸约6分钟后取出，上桌前撕去保鲜膜即可。

蒜味蒸孔雀贝

材料

孔雀贝300克、罗勒3根、姜片10克、蒜片少许、红辣椒片少许

调料

酱油1茶匙、香油1茶匙、米酒2大匙、盐少许、白胡椒粉少许

做法

1. 先将孔雀贝洗净，再放入滚水中汆烫过水备用。
2. 将孔雀贝放入圆盘中，再放入其余材料和混合均匀的调料。
3. 最后用耐热保鲜膜将盘口封起来，再放入蒸锅中，蒸约15分钟至熟即可。

天下第一鲜

材料

蛤蜊8个、猪绞肉150克、葱白末1茶匙、姜末1茶匙、葱花适量

调料

盐1/4茶匙、白糖1/4茶匙、胡椒粉1/4茶匙、香油1/2茶匙、淀粉适量

做法

1. 将吐过沙的蛤蜊汆烫20秒捞出放凉，剥开留汁，取出蛤蜊肉，剁碎备用。
2. 猪绞肉加入所有调料A拌匀，再加入蛤蜊汁、葱白末、姜末拌匀，挤成小丸，沾上些许淀粉，放入蛤蜊壳内，放至盘中。
3. 将盘放入蒸锅中，蒸15分钟，取出撒上葱花即可。

干贝扒芥菜

材料

芥菜4个、大干贝6个、高汤300毫升

调料

蚝油1大匙、盐1/4茶匙、胡椒粉1/4茶匙、香油1茶匙、水淀粉1.5大匙

做法

1. 将芥菜的叶片剥下洗净，放入滚水中汆烫至软，捞起备用；大干贝浸泡在冷水中过夜，隔天再将干贝抓散。
2. 另取锅，放入芥菜，加入200毫升高汤以小火煮软后盛盘。
3. 锅中，加入剩余高汤、全部调料和干贝丝煮匀，以水淀粉勾芡，加入香油拌匀后，淋至芥菜上即可。

干贝蒸菇

材料

茶树菇150克、干贝2个

调料

料酒1茶匙、香菇酱油1茶匙

做法

1. 茶树菇去除根部后，放入滚水中汆烫约5秒钟，沥干盛入盘中备用。
2. 干贝用50毫升水泡20分钟后移入蒸笼以大火蒸至软透，剥丝连汤汁一起加入盘中；淋上料酒及香菇酱油，封上保鲜膜，再次移入蒸笼以大火蒸约5分钟即可。

蚝油蒸鲍鱼

材料

鲍鱼1个、葱1根、蒜2瓣、香菇2个

调料

蚝油1大匙、盐少许、白胡椒粉少许、米酒1茶匙、香油1茶匙、白糖1茶匙

做法

1. 先将鲍鱼洗净切成片状备用。
2. 将葱洗净切段；蒜、香菇洗净切片备用。
3. 取一容器，放入所有的调料，混合拌匀备用。
4. 取一盘，先放上鲍鱼，再放入葱段、香菇片、蒜片，接着将调料加入后，用耐热保鲜膜将盘口封起来。
5. 最后放入电饭锅中，于外锅加入1/3杯水，蒸约8分钟至熟即可。

鲍鱼扒鸡爪

材料

贵妃鲍1个、粗鸡爪10只、高汤300毫升、姜2片、葱2根、青江菜2棵

调料

蚝油2大匙、盐1/4茶匙、白糖1/2茶匙、绍兴酒1大匙

做法

1. 先将鲍鱼洗净切片备用;粗鸡爪剁去趾甲洗净。
2. 取一锅，倒入约1碗食用油烧热，将粗鸡爪炸至表面呈现金黄色后捞出沥油。
3. 将鸡爪、高汤、调料、姜片和葱放入锅中，以小火煮至鸡爪软弹后捞出排盘。
4. 将鲍鱼片放入汤汁内煮滚，捞起鲍鱼片排放至鸡爪上，再将汤汁勾芡淋至鲍鱼上。
5. 青江菜放入滚水中汆烫至熟，再捞起放至盘上装饰即可。

五味牡蛎

材料

牡蛎300克、绿豆芽50克

调料

五味酱50毫升（做法见本书127页）

腌料

盐少许、白胡椒粉少许、番薯粉适量

做法

1. 牡蛎洗净、滤干水分，加入盐、白胡椒粉抓匀略腌一下，再均匀拍裹上番薯粉，备用。
2. 绿豆芽汆烫熟后，捞起沥干垫盘底，备用。
3. 将牡蛎放入80～90℃温水中（不可滚沸）汆烫至熟，再捞起沥干盛入盘中，淋入五味酱搭配食用即可。

海参豆腐煲

材料

海参200克、猪蹄筋200克、豆腐300克、胡萝卜片50克、泡发香菇片50克、姜片40克、葱段40克

调料

A 蚝油3大匙、白糖1茶匙、绍兴酒2大匙、水100毫升 B 水淀粉2大匙、香油1大匙、香油1茶匙。

做法

1. 海参及猪蹄筋洗净、沥干，切小块；豆腐切块，备用。
2. 将姜片、葱段及其余材料放入内锅，加入调料A，再放入电饭锅，外锅加约1杯水，盖上锅盖，按下开关，蒸至开关跳起。
3. 打开锅盖，加入水淀粉勾芡，再加入约1/4杯水，盖上锅盖，按下开关，再蒸约2分钟，即可开盖盛入砂锅，并洒上香油。

红烧海参

材料

发好的海参200克、葱2根、蒜2瓣、胡萝卜5克、青江菜2棵、水200毫升

调料

酱油2大匙、香油1茶匙、白糖1茶匙、盐少许、白胡椒粉少许

做法

1. 将发好的海参切成长条片状备用。
2. 葱洗净切段；蒜洗净切片；青江菜洗净备用。
3. 起一个炒锅，加入所有调料和材料翻炒，再以小火煮约20分钟至入味即可。

火腿蒸白菜心

材料

火腿40克、白菜心400克、姜末5克、鸡高汤100毫升

调料

盐1/4茶匙、白糖1/4茶匙

做法

1. 火腿放入滚水中汆烫，捞出沥干水分切丝备用。
2. 将白菜心洗净，放入滚水中汆烫约1分钟，取出沥干水分后装盘。
3. 在盘中铺上火腿丝、姜末，再均匀撒上盐及白糖并淋上鸡高汤，移入蒸笼以中火蒸约15分钟后取出即可。

蟹丝白菜

材料

大白菜1/2个、姜丝8克、鲜香菇丝20克、蟹腿肉50克

调料

盐1/4茶匙、白糖1/4茶匙、绍兴酒1大匙、高汤50毫升、水淀粉适量、香油少许

做法

1. 大白菜洗净沥干，切块后放入滚水中汆烫至变软，捞出沥干备用。
2. 虾米以开水浸泡约2分钟后，洗净沥干备用。
3. 热锅，倒入少许食用油烧热，放入姜末及虾米以小火炒香，加入大白菜及高汤、盐、白糖，以中火煮约2分钟，最后以水淀粉勾芡，淋上香油即可。

卤白菜

材料

大白菜900克、胡萝卜30克、黑木耳30克、虾皮15克、豆皮50克、香菇2朵、蒜6瓣、葱段15克、水500毫升

调料

盐1茶匙、白糖1/4茶匙、鸡精1/4茶匙、胡椒粉少许

做法

1. 大白菜洗净切大片；胡萝卜、黑木耳洗净切小片；虾皮洗净沥干；豆皮加入热水泡软切小片；香菇泡软切丝，备用。
2. 将大白菜片放入沸水略为汆烫捞出，放入空锅中。
3. 另取一锅烧热后倒入适量食用油，放入蒜爆香，再放入虾皮、香菇丝与葱段炒香后捞起，一起放入装大白菜片的锅中，加入胡萝卜片、黑木耳片与豆皮片，倒入水煮滚后再以小火续煮。
4. 等到大白菜煮软，加入所有调料，再煮滚即可。

客家焖笋

材料

酸笋150克、猪肉200克、老姜30克、红辣椒1个、水1500毫升

调料

盐1/4茶匙、白糖1/4茶匙

做法

1. 酸笋切段，用水洗净后汆烫再洗净，重复此步骤并换水3次，备用。
2. 猪肉汆烫、洗净；老姜拍碎；红辣椒洗净切小段，备用。
3. 取一汤锅，加入水，放入所有材料及调料，以大火煮滚后，转小火焖煮约3小时即可。

火腿白菜

材料

白菜芽400克、姜丝5克、火腿50克、泡发香菇50克、高汤400毫升

调料

盐1/4茶匙、白糖1/4茶匙、绍兴酒1大匙

做法

1. 白菜芽洗净，将较粗的白菜芽头部切开但不切断，以方便入味；火腿切丝；泡发香菇切丝，备用。
2. 白菜芽排放入锅中，铺上姜丝、火腿丝、泡发香菇丝和所有调料。
3. 开小火煮约30分钟，再将捞起盛盘即可。

开阳白菜

材料

大白菜600克、虾米20克、姜末5克

调料

高汤50毫升、盐1/2茶匙、白糖1/4茶匙、水淀粉2茶匙、香油1茶匙

做法

1. 大白菜洗净，将菜梗直切6刀（不切开）；所有调料混合拌匀，备用。
2. 将大白菜放入盘中，依序铺上姜丝、鲜香菇丝及蟹腿肉，淋上调料，再放入电饭锅；外锅加约1杯水，盖上锅盖，按下开关，蒸至开关跳起，取出后撒上红辣椒丝（材料外）即可。

烹饪小秘方

想要更快软化青菜的硬梗，只要在下锅炒前先稍微汆烫，就可以让菜梗很快软化，烫好捞出时记得沥干水分，才不会淡化味道或引起油爆现象。

枸杞子菠菜

材料
菠菜300克、枸杞子少许

调料
水3大匙、酱油3大匙、白糖1茶匙、香油少许

做法
1. 菠菜洗净，汆烫至熟，放入冷开水中泡凉备用。
2. 热锅，将水、酱油、白糖放入混合，再加入枸杞子煮开备用。
3. 菠菜挤干水分，切段排盘，淋上做法2的调料及香油即可。

干贝芥菜

材料
芥菜1棵、金针菇1/2把、胡萝卜50克、姜15克、干贝2个、水380毫升

调料
酱油1大匙、米酒1大匙、香油1茶匙、鸡精1茶匙、盐少许、白胡椒粉少许、水淀粉适量

做法
1. 先将芥菜切去根部后洗净，再放滚水中焯烫过水，捞起沥干备用。
2. 金针菇去蒂后洗净；胡萝卜去皮切丝；姜切丝，备用。
3. 将干贝泡入冷水中约30分钟至泡发，再剥成丝，备用。
4. 取一炒锅，先加入所有的调料与做法2的材料，以中火煮开后加入泡软的干贝丝，再以水淀粉勾薄芡。
5. 将汆烫好的芥菜放入盘中，再淋入做法4的材料即可。

油焖苦瓜

材料

白玉苦瓜600克、福菜30克、姜片10克、红辣椒丝30克、水200毫升

调料

酱油1大匙、白糖1/2茶匙、盐少许、米酒1茶匙

做法

1. 白玉苦瓜洗净去头尾，剖开去籽后切大块；福菜洗净切小段，备用。
2. 将白玉苦瓜块放入热油锅略炸，捞出沥油。
3. 另取锅烧热后倒入适量食用油，加入姜片爆至微香，放入苦瓜块、福菜段、红辣椒丝及所有调料拌炒均匀，倒入水以小火焖煮入味即可。

梅汁苦瓜

材料

白玉苦瓜1个、蒜5瓣、红辣椒1个、酸梅5个、水1.5杯

调料

酱油1/2杯、盐1茶匙、味精1茶匙、白糖1/2杯

做法

1. 将苦瓜洗净后，去瓤、去籽，再切去头尾对半，以150℃油温快速过油备用。
2. 蒜洗净切末；红辣椒洗净切斜片；酸梅去核切碎备用。
3. 起油锅，爆香蒜末、红辣椒片，加入调料，煮开后，放入苦瓜及酸梅肉，盖上锅盖，以中火煮40～50分钟，盛出待凉即可。

苦瓜鲜肉盅

材料

猪绞肉300克、苦瓜1个、梅菜干50克、蒜末10克、高汤100毫升

调料

Ⓐ 鸡精1/2茶匙、白糖1/2茶匙、米酒1大匙、淀粉少许 Ⓑ 盐少许、鸡精1/4茶匙、蚝油1大匙 Ⓒ 淀粉少许、水淀粉少许

做法

1. 苦瓜洗净去籽切厚片；梅菜干洗净切末。
2. 将猪绞肉、梅菜干末、蒜末及调料A混合，拌匀成肉馅备用。
3. 苦瓜内侧抹上淀粉后，填入肉馅，再于肉馅上抹上少许的淀粉后，放入蒸笼内蒸熟。
4. 高汤加入调料B煮至沸腾后，以水淀粉勾芡，淋在苦瓜上即可。

蒸酿大黄瓜

材料

大黄瓜1条、猪绞肉300克、姜末10克、葱末10克

调料

Ⓐ 盐1/4茶匙、鸡精1/4茶匙、白糖1茶匙、酱油1茶匙、米酒1茶匙、白胡椒粉1/2茶匙 Ⓑ 香油1大匙

做法

1. 大黄瓜去皮后横切成厚约5厘米的圆段，用小汤匙挖去籽后洗净沥干，然后在黄瓜圈中空处抹上一层淀粉增加黏性，备用。
2. 猪绞肉放入钢盆中，加入调料A搅拌至有黏性备用。
3. 猪绞肉中加入葱末、姜末及香油，拌匀后成肉馅，将肉馅分塞至黄瓜圈中，再用手沾少许香油将肉馅表面抹平后装盘。
4. 电饭锅外锅放入1/2杯水，放入盘子，按下开关蒸至开关跳起即可。

干贝山药

材料

干贝2个、山药300克

调料

柴鱼酱油2茶匙、味醂1茶匙

做法

1. 干贝放碗里加入开水（淹盖过干贝），浸泡约15分钟后剥丝，连汤汁备用。
2. 将山药去皮，切圆段后装汤碗备用。
3. 将连汤汁的干贝丝加入柴鱼酱油及味醂拌匀，一起淋至山药上。
4. 电饭锅外锅放入约1/2杯水，放入汤碗，盖上锅盖，按下开关，蒸至开关跳起，取出后以香菜叶（材料外）装饰即可。

百宝冬瓜

材料

冬瓜1片、虾仁60克、猪肉丁50克、姜末10克、蘑菇丁50克、胡萝卜丁80克

调料

盐1/2茶匙、白糖1/2茶匙、高汤50毫升、白胡椒粉1/6茶匙、绍兴酒1大匙、香油1茶匙

做法

1. 冬瓜去皮、去籽后放至容器，再放入电饭锅，外锅加约1杯水，盖上锅盖，按下开关，蒸至开关跳起，放凉备用。
2. 将冬瓜硬皮向外，放至碗中，挖去瓜肉备用，留下厚约0.5厘米的薄片冬瓜盅。
3. 将猪肉丁、蘑菇丁、胡萝卜丁及虾仁汆烫，与所有调料拌匀，放入冬瓜盅内，再填回冬瓜瓜肉。
4. 将冬瓜盅放入电饭锅，外锅加约2杯水，盖上锅盖，按下开关，蒸至开关跳起，取出后倒扣至盘中，撒上葱丝（材料外）即可。

麻婆金针菇

材料

金针菇1把、黑珍珠菇50克、嫩豆腐1块、葱花适量、蒜末适量、姜末适量、水150毫升

调料

辣豆瓣酱1/2大匙、甜面酱1大匙、酱油1大匙、味醂1大匙

做法

1. 金针菇去蒂洗净切小段；嫩豆腐洗净切粗丁状；黑珍珠菇洗净切小段，备用。
2. 热锅，倒入适量食用油，放入姜末、蒜末炒香，加入所有调料煮沸。
3. 加入豆腐丁、金针菇、黑珍珠菇段烧煮入味，再撒上葱花即可。

红烧猴头菇

材料

Ⓐ 百叶豆腐1块、胡萝卜片3片、猴头菇3朵、姜末3片、水1/2杯 Ⓑ 鸡蛋1/2个、咖喱粉1/2茶匙、食用油1茶匙、盐1/2茶匙、白糖1/2茶匙 Ⓒ 玉米粉1大匙、番薯粉2大匙

调料

素沙茶酱1大匙、素蚝油1大匙

做法

1. 百叶豆腐洗净切块备用。
2. 猴头菇洗净，用冷水泡软，以手撕成3～4厘米的块状后，挤干水分，加入材料B抓拌均匀后，先放入玉米粉拌匀，再沾裹一层番薯粉，最后放入180℃的热油锅中，以大火炸至表面呈金黄色时，捞出沥油备用。
3. 另热锅，加2茶匙食用油爆香姜末，放入百叶豆腐块、胡萝卜片、水、猴头菇和调料，以小火烧至入味即可。

芥蓝扒鲜菇

材料

芥蓝200克、蟹味菇180克、葱段少许、胡萝卜片适量、蒜1瓣、姜片少许、水1碗

调料

蚝油1大匙、米酒1茶匙、白糖1茶匙、鸡精少许、水淀粉适量、香油少许

做法

1. 芥蓝洗净，入滚水中汆烫，捞起沥干水分，排盘备用。
2. 起一锅，加入1大匙食用油，爆香蒜、姜片，放入所有调料煮开，再放入蟹味菇、葱段、胡萝卜片，用水淀粉勾芡，起锅前淋上香油。
3. 再将酱汁淋在芥蓝上即可。

蚝油鲍鱼菇

材料

鲍鱼菇120克、青江菜4棵、姜末10克

调料

Ⓐ 高汤80毫升、蚝油2大匙、白胡椒粉1/4茶匙、绍兴酒1大匙 Ⓑ 盐少许、水淀粉1茶匙、香油1大匙

做法

1. 鲍鱼菇洗净切斜片；青江菜洗净去尾段后剖成4瓣，备用。
2. 烧一锅水，将鲍鱼菇及青江菜分别入锅汆烫约5秒后，冲凉沥干备用。
3. 热锅，放入少许洗净油，将青江菜下锅，加入盐炒匀后起锅，围在盘上装饰备用。
4. 另热锅，倒入1大匙食用油，以小火爆香姜末，放入鲍鱼菇及调料A，以小火略煮约半分钟后，以水淀粉勾芡，洒上香油拌匀，装入盘中即可。

蛤蜊蒸蛋

材料

蛤蜊12个、鸡蛋4个、葱花适量、水300毫升

调料

盐1/2茶匙、米酒1/2茶匙、胡椒粉1/8茶匙

做法

1. 蛤蜊放入沸水中汆烫20秒取出，剥开留汁，并将汁过滤，滤去杂质。
2. 鸡蛋加入所有调料和蛤蜊汁，打匀后过滤，倒入浅盘内。
3. 将蛤蜊放入蛋液当中，盘表面覆盖保鲜膜。
4. 将蛤蜊蛋放入蒸锅内，以小火蒸约10分钟至摇晃时蛋液凝固，最后撒上葱花即可。

中式蒸蛋

材料

鸡蛋3个、蛤蜊4个、去壳草虾1只、葱花少许、水400毫升

调料

盐1茶匙、料酒1大匙

做法

1. 鸡蛋打散成蛋液，加入所有调料，倒入滤网过筛，再倒入容器中，盖上保鲜膜，放入蒸笼以中火蒸约14分钟。
2. 蛤蜊及去壳草虾放水中煮熟后捞起备用。
3. 取出蒸笼里的蒸蛋，放上蛤蜊及去壳草虾，撒上葱花即可。

烹饪小秘方

蛋液放入电饭锅后，不能将锅盖完全盖上，要预留一些空隙，才不会因锅内水蒸气过多，滴入蒸蛋中，破坏蛋面光滑的美感。

翡翠蒸蛋

材料

鸡蛋3个、蛤蜊6个、青江菜末50克、胡萝卜末10克

调料

Ⓐ 水500毫升、盐1茶匙 Ⓑ 盐1茶匙、水400毫升、水淀粉2大匙、香油1大匙

做法

❶ 将鸡蛋打散，加入调料A拌匀，过筛后放入容器中，加入蛤蜊，再放入电饭锅；外锅加约1/2杯水，盖上锅盖，按下开关，蒸约15分钟，取出备用。

❷ 另取锅加入青江菜末、胡萝卜末和调料B煮滚，成为芡汁，淋至食材上即可。

蟹黄豆腐

材料

蛋豆腐1盒、蟹腿肉20克、胡萝卜10克、葱1根、姜10克

调料

Ⓐ 水50毫升、白糖1茶匙、盐1/2茶匙、蚝油1茶匙、绍兴酒1茶匙 Ⓑ 香油1茶匙 Ⓒ 水淀粉1茶匙

做法

❶ 食材洗净。蛋豆腐切小块；蟹腿肉切末；胡萝卜去皮切末；葱切花；姜切末，备用。

❷ 热锅倒入适量食用油，放入蛋豆腐煎至表面焦黄，取出备用。

❸ 另热锅，倒入适量食用油，放入姜末爆香，再放入胡萝卜末、蟹腿肉末拌炒均匀。

❹ 加入调料A及豆腐块，转小火，盖锅盖焖煮4～5分钟，加入水淀粉勾芡，最后加入香油及葱花即可。

百花蛋卷

材料

虾仁300克、蛋清1大匙、蛋液2个、海苔1张、

调料

盐1/2茶匙、白糖1/2茶匙、胡椒粉1/4茶匙、香油1/2茶匙、淀粉1茶匙

做法

1. 先将虾仁洗净，用干纸巾吸去水分。
2. 将虾仁以刀背剁成泥。
3. 虾泥、蛋清与调料混合后摔打搅拌均匀。
4. 将蛋液用平底锅煎成蛋皮后摊开，将虾泥平铺蛋皮上，覆盖上海苔再压平，卷成圆筒状。
5. 将圆筒状的虾泥放入锅中，以中火蒸约5分钟后取出放凉，切成约2厘米厚的片状即可。

百花蒸酿豆腐

材料

蛋豆腐1盒、虾仁150克、葱丝少许、红甜椒丝少许

调料

盐1/4茶匙、白糖1/4茶匙、白胡椒粉1/8茶匙、香油1/4茶匙、淀粉1/2茶匙

做法

1. 虾仁去泥肠，用纸巾吸干水分剁碎，加入所有调料搅拌至起胶备用。
2. 豆腐切长方块，放入电饭锅蒸2分钟（外锅加1/2杯水），取出中间挖洞。
3. 将虾泥挤成丸状，放入豆腐上，再蒸5分钟，最后放上葱丝和红甜椒丝即可。

咸鱼蒸豆腐

材料

咸鲭鱼80克、豆腐180克、姜丝20克

调料

香油1/2茶匙

做法

1. 豆腐切成约1.5厘米的厚片，置于盘里备用。
2. 咸鲭鱼略清洗过，斜切成约0.5厘米的薄片备用。
3. 将咸鱼片摆放在豆腐上，再铺上姜丝。
4. 电饭锅外锅加入3/4杯水，放入蒸架后，将盘子放置架上，盖上锅盖，按下开关，蒸至开关跳起，取出鱼后淋上香油即可。

豆酱蒸豆腐

材料

豆腐2块（约200克）、姜10克、红辣椒10克、猪绞肉40克、香菜碎适量

调料

黄豆酱100克、白糖2大匙、料酒2大匙、酱油1大匙

做法

1. 豆腐洗净摆入蒸盘中；姜、红辣椒洗净切末，放在豆腐上。
2. 取锅，将所有调料加入拌匀，煮至滚沸即为黄豆酱。
3. 将猪绞肉和黄豆酱拌匀，放在豆腐上。
4. 取一炒锅，锅中加入适量水，放上蒸架，将水煮至滚。
5. 将蒸盘放在蒸架上，盖上锅盖以大火蒸约10分钟，再撒上适量香菜碎即可。

豆瓣蒸豆腐

材料

板豆腐500克、猪绞肉60克、姜末10克、红辣椒末5克、葱花15克

调料

豆瓣酱2大匙、米酒1大匙、白糖1茶匙、香油1茶匙

做法

1. 板豆腐切厚片盛盘备用。
2. 猪绞肉、姜末、红辣椒末和所有调料拌匀成酱汁。
3. 将酱汁淋至豆腐上，盖上保鲜膜，放入水已煮滚的蒸笼，用大火蒸约15分钟。
4. 蒸好后取出，撒上葱花即可。

咸冬瓜蒸豆腐

材料

板豆腐200克、猪肉丝60克、葱丝10克、红辣椒丝适量

调料

咸冬瓜酱100克、酱油膏1茶匙、白糖1/2茶匙、米酒1茶匙

做法

1. 板豆腐切小方块后，放入沸水中汆烫约10秒后沥干装盘；所有调料拌匀成酱汁，备用。
2. 猪肉丝与葱丝摆放至板豆腐块上，淋入酱汁。
3. 电饭锅外锅倒入约1/2杯水（材料外），放入盘子，盖上锅盖，按下开关，蒸至开关跳起，放上红辣椒丝即可。

干锅香菇豆腐煲

材料

干香菇60克、板豆腐200克、干辣椒段3克、蒜片10克、姜片15克、芹菜段50克、蒜苗片60克

调料

Ⓐ 辣豆瓣酱2大匙、蚝油1大匙、白糖1大匙、米酒30毫升、水80毫升 Ⓑ 水淀粉1大匙、香油1大匙

做法

1. 干香菇泡软沥干，分切成2等份；板豆腐切片，备用。
2. 热油锅至约180℃，放入豆腐片，炸至表面金黄后取出，将干香菇下锅炸香，起锅沥油备用。
3. 另取锅烧热，倒入少许食用油，以小火爆香姜片、蒜片和干辣椒段。
4. 再加入辣豆瓣酱炒香，放入香菇、芹菜段及蒜苗片炒匀后，放入调料A。
5. 加入炸豆腐片，以小火煮至汤汁略收干，用水淀粉勾芡后淋入香油，最后再盛入锅中即可。

香菇盒子

材料

干香菇10朵、虾泥150克、葱花20克、姜末10克、胡萝卜末少许、高汤100毫升

调料

Ⓐ 盐1/4茶匙、柴鱼素1/4茶匙、白糖1/4茶匙 Ⓑ 淀粉1大匙、香油1大匙 Ⓒ 水淀粉1茶匙、香油1茶匙

做法

1. 干香菇用约1碗水泡软，取出剪蒂头沥干，备用。
2. 取一钢盆放入虾泥，加入葱花、姜末及调料A拌匀，再加入调料B拌匀后成虾浆，冷藏备用。
3. 将香菇挤干，平铺于盘上，内部向上，表面撒上一层薄薄的淀粉（分量外）。
4. 取适量虾浆均分于香菇伞上，均匀抹成小丘状，撒上胡萝卜末装饰，放入蒸笼蒸15分钟取出。
5. 将高汤煮开后用水淀粉勾薄芡，淋入香油，最后再淋至香菇上即可。

香菜皮蛋

材料

皮蛋2个、香菜20克、红辣椒1/2个、蒜2瓣

调料

酱油膏1大匙、香油1茶匙

做法

1. 皮蛋去壳切丁；香菜摘除叶片，梗切小段；红辣椒、蒜切末，备用。
2. 香菜梗段、红辣椒末、蒜末加入所有调料混合成淋酱。
3. 将皮蛋丁盛盘，淋上淋酱即可。

清香豆腐

材料

厚片木棉豆腐1块、榨菜3克、姜末1/2茶匙、罗勒30克、红辣椒末少许

调料

Ⓐ 酱油膏1大匙、凉开水1大匙、白糖1/2茶匙 Ⓑ 香油1大匙

做法

1. 厚片木棉豆腐擦干水分切成圆柱状，置于盘中；罗勒汆烫后切末；调料A拌匀成酱料备用。
2. 将榨菜切末，与红辣椒末、姜末、罗勒末撒在圆柱木棉豆腐上，并淋上酱料。
3. 食用前，淋上香油即可。

附录一

餐厅推荐 凉拌菜

每次到餐厅吃饭，等待上菜总要一段时间，大部分的餐厅都会先送上几道凉拌菜，让顾客胃口大开。

本书特别收录爽口又开胃的凉拌菜，做法简单，味道清爽！

鸡丝拉皮

材料

鸡胸肉1/2副、姜片30克、葱段少许、小黄瓜2条、粉皮2张、蒜2瓣、红辣椒1/2个、凉开水50毫升

调料

芝麻酱2大匙、白醋1茶匙、白糖2茶匙、盐1/2茶匙、酱油1/2茶匙、香油1茶匙、辣油1茶匙

做法

1. 鸡胸肉去皮，加入姜片、葱段，放入锅内蒸熟，趁热用刀身将肉拍松再撕成粗丝；小黄瓜切丝，用1/2茶匙盐抓拌腌5分钟后，用清水冲净沥干；蒜、红辣椒洗净切末。
2. 粉皮用凉开水泡软，切2厘米宽的长条，入香油拌匀；芝麻酱徐徐加入凉开水搅拌至化开，再加入其余调料搅拌均匀。
3. 将粉皮置盘底，把小黄瓜丝放在粉皮上，最上层摆上鸡丝，撒上蒜末、红辣椒末，淋上酱汁即可。

香辣拌猪肚丝

材料

猪肚300克、芹菜5根、红辣椒丝少许、香菜碎少许、蒜片少许

调料

Ⓐ 米酒3大匙、盐1茶匙 Ⓑ 辣油3大匙、香油1大匙、白胡椒粉1茶匙、盐少许

做法

1. 猪肚洗净、放入锅中加入可盖过猪肚的水量，再加入调料A，先以大火煮滚，再转小火煮约3小时至软化，再捞起切丝，备用。
2. 芹菜洗净切段、汆烫，备用。
3. 取一容器，加入所有的材料与所有调料B搅拌均匀即可。

凉拌鸭掌

材料

泡发鸭掌200克、小黄瓜80克、红辣椒丝10克、姜丝10克

调料

糖醋酱5大匙

做法

1. 泡发鸭掌切小条，用温开水洗净沥干；小黄瓜洗净，拍松切小段，备用。
2. 将做法1材料及姜丝、红辣椒丝加入糖醋酱拌匀即可。

烹饪小秘方

糖醋酱

材料

番茄酱70克、白醋50毫升、白糖50克、蒜末20克、盐3克、香油30毫升

做法

将所有材料混合均匀即可。

醋味拌鸭掌

材料

鸭掌350克、小黄瓜片适量、蒜片少许、葱末少许、红辣椒圈少许

调料

白醋3大匙、盐少许、白胡椒粉少许、白糖1大匙、香油1茶匙

做法

1. 鸭掌洗净，放入滚水中汆烫，再捞起泡入冰水中，冰镇后用纸巾将水分吸干，备用。
2. 取一容器，先将所有调料加入搅拌均匀，再加入鸭掌与其余材料一起搅拌均匀，腌渍约1小时至入味即可。

凉拌鱼皮丝

材料

鱼皮250克、洋葱1个、香菜3棵、葱1根、红辣椒1个

调料

香油1大匙、辣油1大匙、辣豆瓣酱1茶匙、白糖1茶匙、白胡椒粉少许

做法

1. 将鱼皮放入滚水中略为汆烫去腥，捞起后泡水冷却，沥干切丝备用。
2. 将洋葱及红辣椒及葱洗净切丝；香菜切碎备用。
3. 取一容器加入所有调料，再加入所有材料拌匀即可。

甜椒蛋黄酿鱿鱼

材料

鱿鱼1只（约350克）、咸鸭蛋蛋黄碎适量、四季豆丁20克、红甜椒丁10克、黄甜椒丁10克

调料

盐少许、白胡椒粉少许、香油1茶匙

做法

1. 鱿鱼去头，取出内脏洗净沥干备用。
2. 取大容器，放入四季豆丁、压碎的咸鸭蛋蛋黄和甜椒丁混合拌匀。
3. 取鱿鱼，将所有材料慢慢填入，再使用牙签封口备用。
4. 将塞好的鱿鱼放入锅中，以小火蒸约10分钟即可，取出切片盛盘即可。

凉拌海鲜

材料

新鲜墨鱼1只、新鲜虾仁80克、菠萝肉100克、小黄瓜1小条、蒜末1/2茶匙、红辣椒末1/4茶匙

调料

泰式鸡酱2大匙、柠檬汁1茶匙、盐1/2茶匙、白糖1茶匙

做法

1. 墨鱼清除内脏，剥去外膜、切圆圈状，虾仁加少许盐（分量外）搓洗冲净，分别汆烫约2分钟，捞起冲冷开水过凉、沥干，备用。
2. 小黄瓜洗净切丝，冲冷开水约10分钟后沥干；菠萝切粗丝，沥干水分，备用。
3. 取一大碗，放入所有材料，再加入所有调料拌匀即可。

凉拌海蜇丝

材料

海蜇丝300克、小黄瓜1条、胡萝卜50克

调料

盐1茶匙、白糖1茶匙、白醋1.5茶匙、香油1大匙

做法

1. 先将海蜇丝冲水约1小时，洗去异味后沥干。
2. 将1000毫升水煮至滚，再加入1碗冷水令水降温后放入海蜇丝，稍微汆烫后迅速捞出，冲水10分钟沥干。
3. 小黄瓜洗净后去蒂头切丝，冲水沥干；胡萝卜削去外皮后切丝，再冲水沥干。
4. 将做法2、做法3的材料与调料拌匀，再加入香油即可。

醋拌珊瑚草

材料

珊瑚草200克、小黄瓜2条、蒜3瓣、红辣椒1个

调料

白醋1大匙、胡麻油1大匙、酱油膏1大匙、鸡精1茶匙、冷开水适量、白糖1茶匙

做法

1. 将珊瑚草洗净，泡至冷开水中去除咸味，换水待珊瑚草涨大，沥干水分备用。
2. 将小黄瓜、蒜、红辣椒皆洗净切成小片状备用。
3. 把所有调料放入容器中拌匀，成为酱汁备用。
4. 将做法1、做法2的所有材料加入做法3的酱汁中，略为拌匀即可。

凉拌什锦菇

材料

茶树菇80克、金针菇80克、秀珍菇80克、珊瑚菇80克、杏鲍菇60克、红甜椒30克、黄甜椒30克、姜末10克

调料

盐1/4茶匙、香菇精1/4茶匙、白糖1/2茶匙、胡椒粉少许、香油1大匙、素蚝油1茶匙

做法

1. 所有菇类洗净沥干，将茶树菇、金针菇均切段，杏鲍菇切片，珊瑚菇切小朵；甜椒洗净切长条，备用。
2. 取一锅放入半锅水，煮沸后放入所有的菇类汆烫约2分钟后捞出。
3. 将所有菇类及甜椒条加入所有调料与姜末搅拌均匀至入味即可。

凉拌柴鱼韭菜

材料

韭菜300克、柴鱼片30克、蒜末5克、姜末5克、

调料

蚝油1大匙、酱油膏2大匙、白糖1茶匙、开水1大匙、香油1/2大匙

做法

1. 韭菜洗净，先将韭菜根部放入沸水中烫一下，再全部放入氽烫，至颜色变翠绿，捞出放入冰水中冰凉。
2. 将韭菜捞出沥干水分后，切段盛盘备用。
3. 所有调料连同蒜末、姜末拌匀，淋于韭菜上，放上柴鱼片即可。

凉拌青木瓜丝

材料

Ⓐ 青木瓜1/4个、虾米1大匙、圣女果少许、炒香的花生1大匙 Ⓑ 红辣椒1个、香菜少许

调料

开水3大匙、椰子白糖1大匙、米醋3大匙、鱼露1大匙、柠檬汁1大匙

做法

1. 青木瓜去皮洗净切丝，漂水约10分钟，取出沥干，备用。
2. 圣女果洗净切对半；红辣椒洗净切末；炒香的花生拍碎，备用。
3. 取一捣碗，放入青木瓜丝与事先混合均匀的调料，捣至青木瓜丝入味。
4. 再将圣女果、红辣椒末、花生碎及虾米加入拌匀，盛盘后摆上香菜即可。

凉拌竹笋

材料

竹笋2根

调料

美乃滋适量

做法

1. 取一锅放入已洗净的竹笋，再加入足够没过竹笋的水，盖上锅盖，以大火煮沸后，转小火煮约30分钟，熄火再焖约10分钟待凉。
2. 将竹笋放入保鲜盒中，再放入冰箱冰镇备用。
3. 食用时，取出竹笋去外壳，修掉边缘，切块状，淋上美乃滋即可。

附录二

餐厅常见调味酱TOP7

本章收录了7种餐厅最常用的调味酱，让你做起菜来更方便、更得心应手。一种酱汁往往可以搭配多种食材，让菜品更加丰富。现在就来看看这些调味酱的简单做法吧！

宫保鸡丁

材料

鸡胸肉	150克
干辣椒	10克
青椒块	40克
蒜末	5克
姜末	5克
葱段	20克
去皮花生米	30克

调料

A	
酱油	1大匙
淀粉	1大匙
料酒	1茶匙
蛋清	1大匙
B	
宫保酱	4大匙
淀粉	1/4茶匙
C	
香油	1大匙

做法

1. 鸡胸肉表面交叉划出深约0.5厘米的刀痕后切小块，放入混合好的调料A中腌约5分钟后，加入1大匙食用油拌匀备用。
2. 调料B混合拌匀成酱汁。
3. 热锅，加入500毫升食用油烧热至约20℃，将鸡胸肉块以中火拌炒约30秒至八分熟，捞起沥油。
4. 洗净锅，热锅，加入1大匙食用油，以小火爆香葱段、姜末、蒜末和干辣椒后，放入鸡肉块和青椒块以大火快炒10秒；边炒边将酱汁淋入炒匀，再放入去皮花生米和香油炒匀即可。

烹饪小秘方

宫保酱

材料

红辣椒2个、蒜30克、酱油100毫升、水200毫升、蚝油2大匙、番茄酱3大匙、白糖4大匙、默林辣酱油2大匙、米酒4大匙、白醋1大匙

做法

红辣椒、大蒜洗净后拍松；热锅，加入少许食用油，以小火爆香材料至微焦；加入其余的材料煮至滚沸；2分钟后关火，用滤网滤去残渣即可。

麻婆豆腐

材料

盒装嫩豆腐 1盒
猪绞肉 100克
葱花 少许
蒜末 1茶匙

调料

麻婆酱 适量
水淀粉 适量
香油 少许

做法

❶ 盒装嫩豆腐切丁；淀粉与适量的水调成水淀粉备用。

❷ 热油锅，放入蒜末爆香，再加入猪绞肉炒散，放入麻婆酱拌炒均匀。

❸ 于锅中放入豆腐，以小火烧1分钟使其入味后，以水淀粉勾芡，起锅前滴入香油，撒上葱花即可。

烹饪小秘方

麻婆酱

材料

辣豆瓣酱2大匙、酱油1大匙、水4大匙、白糖1茶匙、水淀粉4大匙、香油1大匙

做法

热油锅，炒香辣豆瓣酱；于锅中加入酱油、水、白糖拌匀；起锅前用水淀粉勾芡，最后加入香油拌匀即可。

鱼香茄子

材料

茄子	250克
猪肉末	30克
葱花	20克
蒜末	10克
姜末	10克

调料

鱼香酱	2大匙
水	1大匙
水淀粉	1茶匙
香油	1茶匙

做法

1. 茄子洗净后切成粗段状。
2. 热锅，倒入约2碗食用油，油烧热至约180℃，将茄子放入，以中火炸约1分钟后，捞起沥油。
3. 另取锅，倒入1大匙食用油，以小火爆香蒜末和姜末。
4. 加入猪肉末炒至散开，再加入鱼香酱和水煮滚，放入茄子炒至汤汁略收干，加入水淀粉勾芡，淋入香油，撒上葱花即可。

烹饪小秘方

鱼香酱

材料

辣椒酱50克、葱1根、蒜10克、白糖3大匙、米酒2大匙、酱油2大匙

做法

葱切末；蒜切末备用。取一锅，将材料放入，混合煮滚即可。

红烧鱼

材料

鲜鱼	300克
葱	40克
姜	50克
红辣椒	2个
水	200毫升

调料

红烧汁	100毫升

做法

1. 鲜鱼洗净后，在鱼身两侧各划上2刀，深划至骨头处，但不切断。
2. 葱洗净切段；姜去皮切丝；红辣椒洗净切细丝备用。
3. 热锅，加入约3大匙食用油，将鲜鱼以小火煎至两面焦黄。
4. 放入葱段、姜丝和红辣椒丝略煮，再将红烧汁和水放入，煮滚后改转小火，煮至汤汁收干即可。

烹饪小秘方

红烧汁

材料

白醋50毫升、酱油膏200克、蚝油200毫升、白糖100克、米酒200毫升、甘草粉2大匙、葱50克、姜50克、蒜30克

做法

葱洗净切小段；姜洗净切片；蒜切片。热锅，加入少许食用油以小火炒香葱段、姜片和蒜片至微焦黄。加入其余的材料煮滚后，转小火煮滚约1分钟后关火。取滤网将红烧汁的残渣滤掉即可。

清蒸牛肉片

材料

去骨牛小排　200克
葱　2根
姜　适量
红辣椒　少许
淀粉　1茶匙

调料

豉油汁　3大匙

做法

1. 牛小排洗净切片，加入淀粉拌匀后摊平置盘；葱切长段后，直切成细丝；姜切丝；红辣椒切丝，备用。
2. 取葱丝、姜丝、红辣椒丝一起泡冷水约3分钟，再取出沥干水分，备用。
3. 将牛小排放入蒸锅中，以中火蒸约5分钟后，淋入豉油汁，再蒸约2分钟，最后放上做法2的材料即成。

烹饪小秘方

豉油汁

材料

酱油1大匙、鲜味露1茶匙、鱼露1茶匙、凉开水2大匙、盐1/4茶匙、白糖1/2茶匙、鸡精1/4茶匙

做法

取所有材料混合均匀即成。

腐乳蒸排骨

材料

猪排骨	300克
鲜香菇	40克
去壳竹笋	40克

调料

红糟腐乳酱	3大匙

做法

1. 将猪排骨洗净后剁成大块状；鲜香菇洗净后切块；竹笋洗净切滚刀块。
2. 将材料混合，放入蒸盘上，淋上调料。
3. 取炒锅，锅中加入适量水，放上蒸架，将水煮至滚。
4. 将蒸盘放在蒸架上，盖上锅盖以中火蒸约45分钟至排骨块熟即可。

烹饪小秘方

红糟腐乳酱

材料

红糟腐乳50克、蒜末30克、白糖3大匙、料酒2大匙、香油1大匙

做法

先将红糟腐乳块压碎，备用。取一锅，将压好的红糟腐乳块与其余材料加入，混合煮滚即可。

柠檬蒸鱼

材料

鲈鱼　400克

香菜叶　适量

调料

泰式柠檬汁　适量

做法

1. 取鲈鱼清洗干净后，在鱼身两侧各划3刀，放置蒸盘内，备用。
2. 取泰式柠檬汁淋在鲈鱼上，待蒸锅水滚后转中火，将鲈鱼放入蒸锅中蒸约10分钟即可取出，最后再放上香菜叶即完成。

烹饪小秘方

泰式柠檬汁

材料

番茄1个、柠檬2个、香菜2棵、蒜末1茶匙、红辣椒末1茶匙、鱼露3大匙、白糖1茶匙、盐1/4茶匙

做法

番茄洗净去籽、切丝；柠檬去籽、榨汁；取香菜将叶与梗分开后，梗切小粒，备用。将番茄丝、柠檬汁、香菜梗粒，与蒜末、红辣椒末、鱼露、白糖、盐一起混合即可。